计算机科学丛书

嵌入式系统接口
面向物联网与CPS设计

[美] 玛里琳·沃尔夫（**Marilyn Wolf**）　著
佐治亚理工学院

王慧娟　刘云　译

U0273685

Embedded System Interfacing
Design for the Internet-of-Things (IoT) and Cyber-Physical Systems (CPS)

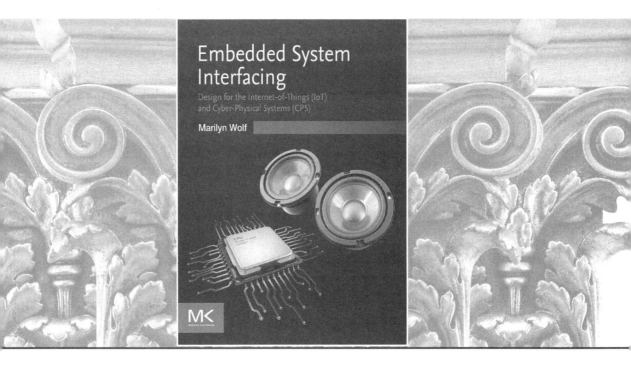

机械工业出版社
China Machine Press

图书在版编目（CIP）数据

嵌入式系统接口：面向物联网与 CPS 设计 /（美）玛里琳·沃尔夫（Marilyn Wolf）著；王慧娟，刘云译 .
—北京：机械工业出版社，2020.5
（计算机科学丛书）
书名原文：Embedded System Interfacing: Design for the Internet-of-Things (IoT) and Cyber-
Physical Systems (CPS)

ISBN 978-7-111-65537-4

I. 嵌⋯ II. ① 玛⋯ ② 王⋯ ③ 刘⋯ III. 微型计算机 – 接口技术 IV. TP364.7

中国版本图书馆 CIP 数据核字（2020）第 079746 号

本书版权登记号：图字 01-2019-6620

Embedded System Interfacing: Design for the Internet-of-Things (IoT) and Cyber-Physical Systems
(CPS)
Marilyn Wolf
ISBN: 9780128174029
© 2019 Elsevier Inc. All rights reserved.
Authorized Chinese translation published by China Machine Press.
嵌入式系统接口：面向物联网与 CPS 设计（王慧娟 刘云 译）
ISBN: 9787111655374
Copyright © Elsevier Inc. and China Machine Press. All rights reserved.

出版发行：机械工业出版社（北京市西城区百万庄大街 22 号　邮政编码 100037）
责任编辑：赵亮宇　　　　　　　　　　　　　　　责任校对：李秋荣
印　　刷：北京市荣盛彩色印刷有限公司　　　　　版　　次：2020 年 6 月第 1 版第 1 次印刷
开　　本：185mm×260mm　1/16　　　　　　　　印　　张：12
书　　号：ISBN 978-7-111-65537-4　　　　　　　定　　价：69.00 元

客服电话：(010) 88361066　88379833　68326294　　　投稿热线：(010) 88379604
华章网站：www.hzbook.com　　　　　　　　　　　　　读者信箱：hzjsj@hzbook.com

　　文艺复兴以来，源远流长的科学精神和逐步形成的学术规范，使西方国家在自然科学的各个领域取得了垄断性的优势；也正是这样的优势，使美国在信息技术发展的六十多年间名家辈出、独领风骚。在商业化的进程中，美国的产业界与教育界越来越紧密地结合，计算机学科中的许多泰山北斗同时身处科研和教学的最前线，由此而产生的经典科学著作，不仅擘划了研究的范畴，还揭示了学术的源变，既遵循学术规范，又自有学者个性，其价值并不会因年月的流逝而减退。

　　近年，在全球信息化大潮的推动下，我国的计算机产业发展迅猛，对专业人才的需求日益迫切。这对计算机教育界和出版界都既是机遇，也是挑战；而专业教材的建设在教育战略上显得举足轻重。在我国信息技术发展时间较短的现状下，美国等发达国家在其计算机科学发展的几十年间积淀和发展的经典教材仍有许多值得借鉴之处。因此，引进一批国外优秀计算机教材将对我国计算机教育事业的发展起到积极的推动作用，也是与世界接轨、建设真正的世界一流大学的必由之路。

　　机械工业出版社华章公司较早意识到"出版要为教育服务"。自1998年开始，我们就将工作重点放在了遴选、移译国外优秀教材上。经过多年的不懈努力，我们与Pearson、McGraw-Hill、Elsevier、MIT、John Wiley & Sons、Cengage等世界著名出版公司建立了良好的合作关系，从它们现有的数百种教材中甄选出Andrew S. Tanenbaum、Bjarne Stroustrup、Brian W. Kernighan、Dennis Ritchie、Jim Gray、Afred V. Aho、John E. Hopcroft、Jeffrey D. Ullman、Abraham Silberschatz、William Stallings、Donald E. Knuth、John L. Hennessy、Larry L. Peterson等大师名家的一批经典作品，以"计算机科学丛书"为总称出版，供读者学习、研究及珍藏。大理石纹理的封面，也正体现了这套丛书的品位和格调。

　　"计算机科学丛书"的出版工作得到了国内外学者的鼎力相助，国内的专家不仅提供了中肯的选题指导，还不辞劳苦地担任了翻译和审校的工作；而原书的作者也相当关注其作品在中国的传播，有的还专门为其书的中译本作序。迄今，"计算机科学丛书"已经出版了近500个品种，这些书籍在读者中树立了良好的口碑，并被许多高校采用为正式教材和参考书籍。其影印版"经典原版书库"作为姊妹篇也被越来越多实施双语教学的学校所采用。

　　权威的作者、经典的教材、一流的译者、严格的审校、精细的编辑，这些因素使我们的图书有了质量的保证。随着计算机科学与技术专业学科建设的不断完善和教材改革的逐渐深化，教育界对国外计算机教材的需求和应用都将步入一个新的阶段，我们的目标是尽善尽美，而反馈的意见正是我们达到这一终极目标的重要帮助。华章公司欢迎老师和读者对我们的工作提出建议或给予指正，我们的联系方法如下：

华章网站：www.hzbook.com

电子邮件：hzjsj@hzbook.com

联系电话：（010）88379604

联系地址：北京市西城区百万庄南街1号

邮政编码：100037

华章教育

华章科技图书出版中心

译者序

Embedded System Interfacing: Design for the Internet-of-Things (IoT) and Cyber-Physical Systems (CPS)

　　嵌入式技术是 IT 产业中发展最快的。嵌入式系统的应用领域非常广泛，随着物联网技术的飞速发展，嵌入式技术在产业发展中的重要性不断提升，具有广阔的发展前景。

　　作为嵌入式专业的老师，译者曾讲授嵌入式系统课程多年。见到这本书，首先想到的是了解一下这本书的内容与之前接触的相关书籍有何不同。在通读全文后发现，这是一本涉及嵌入式接口电路设计的概要性书籍，虽不涉及软件编程，却将接口设计与软件设计的关系介绍得非常清晰。本书并非针对特定的接口电路实例来进行设计，而是通过介绍接口设计所涉及的原理，让我们了解如何从头构建设计或者修改现有的设计。目前市面上的嵌入式接口书籍多介绍实例设计，侧重于针对接口的代码编程，对电路原理讲解得相对较少，而其他电路书籍内容则较为宽泛。本书则是专门针对嵌入式系统接口电路的电路原理进行讲解，做到了有的放矢，有助于读者快速找到自己关注的内容。本书为那些想学习电路设计原理的工程师、学生提供了有效的补充，全书篇幅较短，列出了电路设计中的主流设计技术及原理，符合现在快节奏的生活方式。

　　翻译这本著作，是想完善自己的知识体系，同时也希望对更多相关专业的高校教师、同学及业内工程师有所帮助。

　　本书中文版能够顺利出版，要衷心感谢南开大学嵌入式系统与信息安全实验室的宫晓利老师在翻译过程中提供指导和支持；感谢北华航天工业学院计算机应用系的邢艺兰老师在全书翻译过程中提供支持；感谢机械工业出版社的各位编辑鼎力协助。在嵌入式领域，有前辈或同仁翻译了很多其他译著，阅读这些译著令我们受益匪浅，特表示感谢。限于译者的水平和经验，书中难免存在不当之处，恳请读者提出宝贵意见。

所有计算机都需要输入和输出设备才能完成有用的工作，I/O 系统对嵌入式计算机尤为重要。虽然我们可以在嵌入式系统中使用标准输入输出设备，但通常需要设计专用接口。即使在使用标准输入输出设备时，也需要确保所选接口符合系统要求。本书致力于介绍嵌入式系统接口的艺术、科学和工艺。

我搭建了自己的 Heathkit 无线收发器：GR-64 短波接收器、HD-10 电子键控器和 HW-16 新手收发器。我和我的朋友 Art Witulski 试图建立一个基于开关的加法器，但当意识到我们的焊接技术远远达不到 PCB 图案化技术要求时，我们放弃了。

我的爱好让我学会了很多，我的父亲也教会了我很多。我在斯坦福大学的教授让我成为一名称职的电气工程师，在这里请允许我向教我 8 年电路知识的教授致敬，他们是 Aldo Da Rosa、Robert Dutton、Umram Inan、Malcolm McWhorter、Ralph Smith 和 David Tuttle。

我和 Perry Cook 在普林斯顿大学教授"普适信息系统"课程多年。我们会教学生如何设计嵌入式系统。"物联网"一词尚未出现之前，我们的学生就早已接触了许多与物联网相关的概念。Perry 是硬件设计师，他构建了一个用于电源插头的电感耦合器环路，以确保学生不会触电伤亡。

但是现在构建自己的电子产品远不如半个世纪前有意义。手工制造的电子设备的衰落有利于高度集成设备的发展，其中有几个原因：无线电以更高的频率工作，许多组件是表面贴装的，且集成电路可提供更高水平的集成。集成电子设备比你在电路板上设计的更好，比如噪声更低、失真更低（因为匹配更好）、功耗更低等。

有些嵌入式接口书籍采用食谱的形式，即为特定应用提供示例化设计。虽然这类书籍确实占有一席之地，但我认为技术概要类书籍可以成为食谱式书籍的重要补充。在食谱式书籍中找到的解决方案可能没有足够的解释，修改原设计来实现自己的特定目标并不容易。而原理可以帮助你了解如何制定设计决策，也可以帮助你修改现有设计或从头开始构建新的设计。

为了使对电路设计的介绍相对简短和独立，我对一些传统的电气工程教学法进行了简化。我对传统的无源 / 有源电路的区别不感兴趣，在某种程度上，我并不担心数字与模拟，而是更侧重于功能，包括从简单到复杂的各类功能。书中设计的东西价值有限，从这个意义上来说，逻辑非常简单，我还专注于驱动和负载的电气特性。如放大器只是改变信号的功率；滤波器和检测器修改信号；数据转换建立在这些技术的基础上，以弥合模拟信号和数字信号之间的差距。电源中也会用到这些电路原理，所以了解电路特性也有助于我们确定电源的重要特性。

在此过程中，我强调一种自上而下的方法。在进行设计之前，需要清楚地理解给定功能的规范。

正如我所写到的，我认为接口设计中的关键决策存在两个边界：CPU 上运行的软件与连接到 CPU 的接口之间的软件/硬件边界，以及接口内的模拟/数字边界。系统规范有助于确定这些边界的位置，也就是说，对于简单的消费电子设备而言，高速且高价值系统的一系列决策可能没有意义。

写作本书的初衷是提供关于该领域的概要描述。本书适用于混合信号设计的短期课程，对有趣且重要的技术主题做了概述。如果你想了解有关某个主题的更多信息，请深入阅读其他资料。互联网使各种各样的资料更易于获得，本书的参考文献中提供了相关技术主题的来源。

自 20 世纪 70 年代和 80 年代以来，有些技术没有大的变化。在这种情况下，早期的书籍仍然可以作为参考。下面给出一些有用的书：

- *ARRL Handbook*，每年更新一次，近一个世纪以来成为所有 EE 项目的首选指南。
- *Lancaster's Active Filter Cookbook*，该书介绍了有源滤波器的理论和实践，还提供了 20 世纪 70 年代的电子产品集锦，包括生物反馈和迷幻照明设备。
- Walter G. Jung 的 *IC Op-Amp Cookbook*，涵盖了线性和非线性运算放大器电路的所有方面。

其他一些技术发生了深刻的变化。比如，FPGA 从根本上改变了我们的逻辑设计方法，现场可编程模拟阵列（FPAA）使微控制器能够提供简单、集成、可配置的模拟功能。

我的网站（marilynwolf.us）上提供了实验练习及本书问题部分的具体操作，还包括相关的其他资源。

非常感谢密歇根大学的 Robert Dick 教授给出了全面而深刻的评论。

电子设计给我的生活带来了快乐。我希望你能像我一样享受这种快乐。

Marilyn Wolf, W2MCW

美国佐治亚州，亚特兰大

绪　论

1.1　将计算机连接到物理世界

想使用计算机就需要某种输入和输出设备，我们看不到的计算并不会有多大吸引力。早期的计算机使用原始 I /O 设备：灯、纸带、原始显示器。新的 I/O 设备与 CPU 并行发展。

输入输出对嵌入式计算系统尤为重要。嵌入式计算系统具有广泛的覆盖面，从简单设备到复杂车辆及工业设备等，而这一系列的 I/O 均需要全面的接口技术手册。

嵌入式系统接口是电气和计算机工程之间的概念接口——我们需要两个领域的技能来设计良好、实用的接口。计算机工程师并不总是有很多传统电气工程方面的经验。因此，本书将覆盖该方面的知识。具有电路专业知识的读者可以随意跳过某些部分，直接使用计算机的接口电路。

嵌入式系统接口是混合信号设计，即组合模拟和数字元件电路设计的一个很好的例子，模拟和数字元件结合使用可以提供强大的功能，但也必须小心处理。另外，我们必须注意数字逻辑的电路特性，例如驱动和负载，因为这些在纯数字设计中不是问题，但在混合电路中就没那么简单了。接口设计还需要硬件 / 软件协同设计，从而将运行于 CPU 上的软件功能与混合信号电路结合在一起。

本章中，1.2 节介绍接口设计的目标以及我们用于实现这些目标的技术；1.3 节介绍微处理器；1.4 节介绍电信号；1.5 节和 1.6 节回顾了电气工程的定律——首先是电阻电路，然后是电容和电感电路；1.7 节描述了电路分析的基本技术；1.8 节介绍了非线性和有源器件；1.9 节回过头来考虑接口设计的方法和工具；1.10 节概述了本书的其余部分。这几节将概述电气工程中的一些基本概念和术语，供以后参考，我们将在后面的章节中根据需要补充这些概念。

1.2　目标和技术

嵌入式计算机系统在各种场景中都有应用，对嵌入式计算机及其接口进行分类的一种有趣方式是，考虑将会构建的系统的副本数量：实验者和业余爱好者往往会建立一个或者几个系统；工业应用中可能会构建一次性设备，也会使用数百到数万个中等制造水平的专业设备；消费产品的制造量更大，从数万到数千万。接口设计技术在这些设备类型的制造中都有所应用。

许多集成电路是片上系统（Systems-on-Chip，SoC），这些片上系统包括处理器、I/O 设备和一些板载内存。这些设备的设计及其与计算系统的连接是 SoC 设计的关键方面。虽然许多 SoC 不包括模拟电路，但数字设备必须具有与之相连的模拟设备的特性。先进的封装技术使得整个系统可由多个采用不同制造技术的芯片组成。

然而，并非所有设计都集中在集成电路上。许多大容量设备主要由印制电路板上组装的标准部件构成，工程师通常称之为板级设计。印制电路板也是工业电子设计的支柱，电路板设计中，允许通过元件和制造技术的控制进行定制电路设计，这比设计集成电路所需的成本和时间少得多。

然而，许多设计仅需要少数传统的电气工程原理，如晶体管原理、电阻器原理、电容器原理、电感器原理。大多数板级设计将集成电路组合在一起，每个集成电路都执行专门的功能，运算放大器是集成电路的一个典型示例，它以易于使用的形式封装了复杂的电路。

虽然使用晶体管设计电路很有趣，但这通常是不现实的。集成电路不仅节省了我们的时间，而且通常能比分立元件制成的电路提供更好的特性。但理解电路设计的基本原理仍然很重要，也很有用，因为我们需要知道如何评估特定应用的集成电路的适当性，也需要能够验证我们是否已经为它们设计了正确的电路连接。例如，逻辑门的输入如果提供的电流不足，将导致其发生故障。

为了正确设计板级系统，我们需要能够编写设计规范，还需要了解电路板组件的规格。这些规格也就是电路的基本特征：

- 增益。
- 频率响应。
- 非线性特征，如上升时间、振铃。
- 噪声。

此处，设计就是使用可用组件找到那些规范的实施方式的过程。电路理论为我们提供了如下重要的设计概念：

- 驱动和负载。
- 过滤。
- 放大增益和带宽。

我们通常通过将接口分解为更小的接口的设计方式来实现整个接口。使用自上而下的设计技术将规范细化进而实现，自下而上的设计方式便于我们估计候选设计的特征。

我们将在第 8 章中看到嵌入式系统接口要求我们回答的两个问题：

- 软件 / 硬件的边界在哪里？ CPU 上的软件以及接口的内容有哪些？
- 数字 / 模拟的边界在哪里？接口的哪些部分用数字硬件执行，哪些部分用模拟电路执行？

1.3　各种微处理器

微处理器是指以集成电路形式构建的 CPU，当今几乎所有的 CPU 都是微处理器。计算机系统不仅包括 CPU，它还需要内存、I/O 设备以及这些设备之间的互联。术语"平台"通常用于描述完整的计算硬件（也可能是较低级别的软件栈）。我们经常根据平台的大小和复杂程度对平台进行分类。

一个微控制器就是一个完整的片上计算机系统，包括 CPU、存储器、I/O 设备和总线。我们通常用微控制器描述较小的系统，即更简单的 CPU、适度的内存量和基本 I/O。许多微控制器提供 4 位或 8 位 CPU，其中一部分微控制器提供不到一千字节的内存。尽管 Cypress PSoC 5LP[16] 具有 32 位 CPU，但它仍然是一款微控制器。该款微控制器可提供一个 ARM Cortex-M3 CPU、三种类型的存储器（闪存、RAM、EPROM），以及数字和模拟外设。

数字信号处理器（Digital Signal Processor，DSP）是针对信号处理应用而优化的微处理器。DSP 的最初用法是指硬件乘法器、哈佛式独立程序和数据存储器的组合。今天，DSP 优化包括用于阵列计算的寻址模式。

片上系统（SoC）这一术语通常应用于更复杂的芯片。除了专为包括多媒体和自动汽车在内的多种应用而构建的复杂平台，智能手机处理器也是 SoC 的典型示例。NXP S32V234 [46] 是一款用于汽车应用的 SoC-a 视觉处理器，它包括四个带有 SIMD 指令的 ARM Cortex-A53 CPU、两个 ARM Cortex-M4 CPU、一个视觉加速器，还包括 GPU、图像传感器处理器、图像传感器接口以及对安全保障性的支持。

1.4　信号

一个信号是一段时间内的某个物理状态，在数学上将信号表示为随时间变化的函数定义的值。

下面我们来讨论一下与时间值相关的信号：

- DC（直流）信号不随时间变化。而实际上，直流信号会缓慢地变化。
- AC（交流）信号会随时间变化。该术语来自正弦信号，我们普遍将其应用于时变值。

做出这种区分，是因为我们在分析 DC 和 AC 信号和电路时使用的技术不同，DC 分析使用的技术更简单。

　　AC 信号可能具有任意波形或形状。出于分析的目的，我们处理两种主要形式的信号：正弦信号和指数信号。正弦信号由其幅度 A、频率 ω 和相位 φ 决定：

$$v(t) = A\sin(\omega t) + \varphi \tag{1.1}$$

指数信号由其幅度 A 和时间常数 τ 决定：

$$v(t) = A\mathrm{e}^{-t/\tau} \tag{1.2}$$

正弦信号和指数信号的例子如图 1.1 所示。

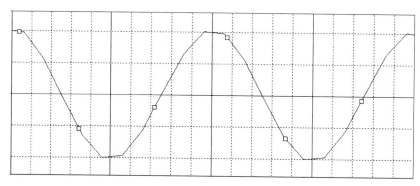

正弦信号

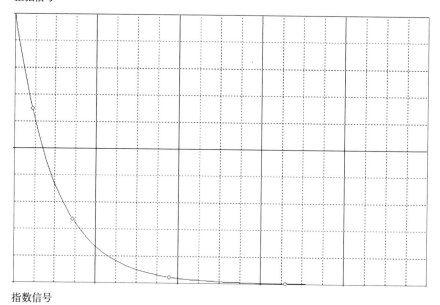

指数信号

图 1.1　正弦信号和指数信号

噪声就像杂草，噪声信号在很多情况下都是不受欢迎的。噪声可能来自我们无法预测的随机信号源或我们能够明确的信号源。当不需要的信号来自可预测的信号源时，我们可能会使用其他术语（例如"干扰"或"串扰"）来描述它。

我们也对信号所在的域进行讨论：

- 时域信号是时间的函数。
- 频域信号是频率的函数。

实际上，这两种表示方法是等效的，因为我们可以将时域信号转换为其频域等效信号，也可以将频域信号转换为其时等效信号。我们可以使用傅里叶变换及其计算形式的快速傅里叶变换（FFT）将信号在时域和频域之间进行转换。图 1.2 显示了由两个正弦曲线的乘积形成的信号的两种表示，一种是时域的，一种是频域的。频域表示中显示了两个正弦分量的频率（频域信号包括幅度和相位分量，这里我们仅关注信号的幅度部分）。

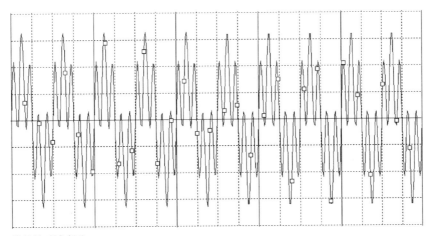

信号的时域表示

ω_1　　　　　　ω_2

信号的频域表示

图 1.2　一个信号的时域表示和频域表示

数字电路设计人员几乎完全依赖于时域技术，因为数字电路的非线性特性不适合做时域分析；相反，线性电路使用频域和时域分析方法，其中频域分析对于线性电路设计的许多方面尤其有用。

我们可以用如下两个单位中的任何一个来指代频率：变量 ω，对应 rad/s（弧度／秒）；

变量 *f*，对应 Hz（赫兹）。根据定义，1 Hz = 2π rad/s。

信号可以覆盖较大动态范围而得到一些非常大的数字。我们可以通过使用分贝（dB）来减小得到的值的大小，分贝这个单位是十分之一贝尔（Bel，一个以 Alexander Graham Bell 命名的强度单位），我们可以使用分贝来表示值的比率或表示相对于某个参考值的值。由于分贝指的是功率，所以应该将电压比称为分贝伏（dBV），但我们已经通用化地把这些值错用 dB 来描述了。

分贝曲线用于描述滤波器和放大器的响应。一个常见的规格是半功率点，也称为 3dB 点或拐角频率，如图 1.3 所示，该图显示了作为频率函数的功率。伯德图方法让我们可以使用渐近线来近似描述频率响应曲线，该曲线由两个渐近线定义：左边是一条平线，右边是每十倍频程下降 20dB 的线，速率等于每倍频程 6dB，曲线上比左侧渐近线低 3dB 的点的功率值是渐近线最大值的 1/2。由于功率与电压的平方有关，因此相应的电压下降了 $1/\sqrt{2} = 0.7071$。我们经常将半功率频率称为拐角频率。在 5.4 节中将更详细地讨论伯德图。

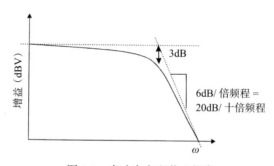

图 1.3   半功率点和截止频率

1.5   电阻电路

电是一种基本的物理现象。电气工程（EE）是研究电力（在某种程度上也包括磁力）控制技术的学科。

电气工程主要关注两个物理量：

- 电流，通常由变量 *I* 表示。
- 电势，也称为电压，由变量 *V* 表示（或有时用 *E* 表示电动势）。

电流是电势影响下电子运动的宏观表现。电子在持续移动，但是其净移动是零。电动势导致电子的净移动，我们可以将其测量为电流。

欧姆定律是电气工程的基本定律之一，表示如下：

$$V = IR$$

（1.3）

器件或区域两端的电压与流过该器件的电流及其电阻 R 成正比。电阻值以欧姆（Ω）为单位给出。

我们有时更喜欢使用电导 G：

$$G = \frac{1}{R} \tag{1.4}$$

电导以西门子（S）为单位。

图 1.4 显示了电阻两端的电压和通过电阻的电流。根据欧姆定律，如果我们知道系统参数 $\{I, V, R\}$ 中的两个值，就可以确定第三个值。

图 1.4　一个电阻中的电流和电压

当我们将几个电阻连接到**网络**时，另外两个定律描述了电压和电流之间的关系。其一为基尔霍夫电压定律（Kirchoff's Voltage Law，KVL），该定律说明围绕环路的电压总和为零：

$$V_1 + \cdots + V_n = 0 \tag{1.5}$$

基尔霍夫电流定律（Kirchoff's Current Law，KCL）指出进入节点的电流总和为零：

$$I_{12} + \cdots + I_{1n} = 0 \tag{1.6}$$

图 1.5 给出了一个示例电路：节点 $\{1,2,3\}$ 代表我们评估基尔霍夫电流定律的点，边缘 $\{12,13,23\}$ 用于评估基尔霍夫电压定律。我们可以定义沿边缘的电压变化和流入或流出节点的电流。当标记这些值时，需要选择哪个方向为正，哪个为负。只要在标记中保持一致，如何选择正负就不重要了。图 1.5 中显示了电流的两个极性，即 $I_{13} = -I_{31}$，其下标给出了每个电流的源点和汇点。在实际情况中，我们经常为每个电流选择一个极性并给它一个下标，这里我们使用双下标表示法来强调每个电流的源点和汇点。同时，还可以在电阻上定义反极性电压。

根据基尔霍夫电压定律，环路 $\{V_{12}, V_{23}, V_{32}\}$ 的总电压总是为零。对于通过电路的任何闭合路径，在不重复任何电路元件的情况下，$\sum V_{ij} = 0$。

根据基尔霍夫电流定律，进入每个节点的电流总是为零，例如，$I_{21} + I_{31} = 0$。当比较不同节点的基尔霍夫电流定律方程时，我们必须确保节点之间的极性是一致的。给定一致的极性，对于电路中所有节点，$\sum I_{ij} = 0$。

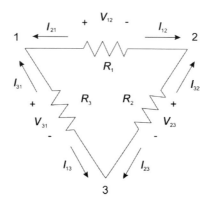

图 1.5   基尔霍夫电压定律和电流定律的示例

戴维南等价定理告诉我们，给定两个节点，我们可以确定电压和电流，可以找到一个研究这两个节点的等效网络，该网络必须包含一个与电阻串联的电压源。

在图 1.6 所示的例子中，可以找到这个三个电阻构成的网络的等效电阻。我们首先利用并行等价定理来减少并联组合 R_2, R_3：

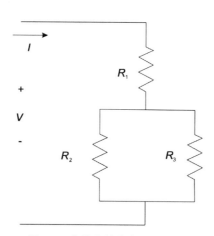

图 1.6   戴维南等价定理的示例

$$R_{23} = {1 \Big/ \left({1}/{R_2} + {1}/{R_3} \right)} \tag{1.7}$$

然后使用系列等价定理来减少序列组合 R_1, R_{23}：

$$R_{123} = R_1 + R_{23} \tag{1.8}$$

R_{123} 是戴维南等效电阻。诺顿等价定理提供了这种变换的电流源等效公式：电压源和电阻网络可以表示为与电阻并联的理想电流源。图 1.7 显示了戴维南等价定理和诺顿等价定理的表示形式。

戴维南等价定理

诺顿等价定理

图 1.7　戴维南等价定理和诺顿等价定理的表示形式

1.6　电容和电感电路

电容和电感是电气工程领域中除电阻之外的另外两个基本电气元件。它们具有共同的特征，即它们的行为取决于施加于它们的信号的频率。

通过电容的电流取决于电容 C 的两端电压的导数：

$$I = C\frac{\mathrm{d}V}{\mathrm{d}t} \tag{1.9}$$

图 1.8 显示了通过电容的电流和电容两端的电压。在直流电路中，$\mathrm{d}V/\mathrm{d}t = 0$，电路中没有电流流动，于是我们说包括电容的直流电路为开路。在无限高的电压变化下，通过电容的电流是无限的，即高频时为短路。

图 1.8　通过电容的电压和电流表示

电感的行为与电容是互补的，它的电压取决于通过电感 L 的电流的导数：

$$V = L\frac{\mathrm{d}I}{\mathrm{d}t} \tag{1.10}$$

图 1.9 显示了通过电感的电流和电感两端的电压。在直流电路中，电感是短路，高频时为开路。

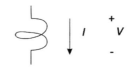

图 1.9　通过电感的电压和电流表示

通过将每个元件描述为电抗 X，我们可以将这些元件的行为更直接地与电阻相关联，其中，电抗 X 是频率 ω 的函数，单位为 rad/s。

电容的电抗随频率降低：

$$X_C = \frac{1}{\omega C} \tag{1.11}$$

由于 $\omega = 2\pi f$，可将上式写为

$$X_C = \frac{1}{2\pi f C} \tag{1.12}$$

电感的电抗随频率增加：

$$X_L = \omega L \tag{1.13}$$

或者可以表示为赫兹形式，即

$$X_L = 2\pi f L \tag{1.14}$$

电抗的单位为欧姆。

接下来会讲到，我们可以创建电阻和电抗的统一表示，称为阻抗 Z，而阻抗的倒数称为导纳 Y。

1.7　电路分析

阻抗元素是线性的，它们的行为可以用函数 $y = mx$ 描述，该函数的图像是通过原点且斜率为 m 的直线。虽然直线通常不必经过原点，但该属性对于物理系统中的线性概念至关重要。我们还假设电路是时不变的，即信号随着时间变化而元件值不变。线性时不变（Linear Time-Invariant，LTI）的系统服从叠加原理，即它们对多个单独输入之和的响应为对各个输入分量的响应的总和。

我们已经知道，可以为电路中的电压和电流编写一组方程，并求解未知数。等式的形式取决于电路的结构和其组件的值。当手动求解时，我们通常使用标准代数方法来处理和简化方程。

更通用的方法是基于线性代数。节点分析方法（也称为分支电流方法）尤其适合于

使用计算机的解决方案。利用节点分析方法时，需要根据节点电压和器件的导纳来写分支的电流，即

$$I = YV \tag{1.15}$$

$$\begin{bmatrix} i_1 \\ i_2 \\ \cdots \end{bmatrix} = \begin{bmatrix} Y_{11} & Y_{21} & \cdots \\ Y_{12} & Y_{22} & \\ \vdots & & \ddots \end{bmatrix} \begin{bmatrix} v_1 \\ v_2 \\ \cdots \end{bmatrix} \tag{1.16}$$

给定电压，我们可以求解电流。对于纯电阻电路，这些方程很简单。而当电路包括无功分量时，方程组中会包括微分或积分方程。

我们还需要比节点分析和基尔霍夫定律提供的更抽象的电路和信号表示。可以使用拉普拉斯变换将微分方程转换为 s 域并简化分析。参数 s 为复数，可表示为 $s = \sigma \pm j\omega$（将虚数写为 j 以避免与电流的表示混淆）。由指数表示的拉普拉斯变换积分可由下式给出：

$$F(s) = \int_0^\infty e^{-st} f(t) dt \tag{1.17}$$

由于许多操作在 s 域中执行更容易，所以我们将问题变换到 s 域中，而执行完成时，再将结果逆变换回时域。式（1.11）和式（1.13）中用频率表示的电抗公式是 s 域的特例。

可以使用串联和并联等式来组合 s 域阻抗，串联等式和并联等式见式（1.18）和式（1.19）。

$$Z_{\text{ser}}(s) = Z_1(s) + Z_2(s) \tag{1.18}$$

$$Z_{\text{par}}(s) = \frac{1}{1/Z_1(s) + 1/Z_2(s)} \tag{1.19}$$

我们使用电压源来描述电容的初始条件，而电感的初始条件用电流源描述，各值都在 s 域中有自己的表示。可以求解 s 域中感兴趣的变量，然后使用逆变换转换回时域。阻抗的 s 域形式允许我们以代数方式统一地处理电阻和电抗。

脉冲响应是其行为的另一个关键描述。脉冲 $\delta(t)$ 的持续时间接近 0，并且在该时间内具有无界值，脉冲对时间的积分是 1，即

$$\int_{-\infty}^\infty \delta(t) dt = 1 \tag{1.20}$$

脉冲响应本身很有趣，响铃是脉冲响应的一个实际例子。但我们对脉冲响应感兴趣的另一个原因是可以从其脉冲响应中得出电路对其他形式输入的响应。

电路的阶或其功能模型由电路中的能量存储装置的数量给出。一阶脉冲响应具有以

下形式（这里使用电压变量给出）：

$$V(t) = V(0)\mathrm{e}^{-t/\tau} + V_f \tag{1.21}$$

$V(0)$ 是 $t=0$ 处的响应值，而 V_f 是最终值。τ 被称为时间常数，是电路元件的函数。在 RC 电路中，$\tau=RC$。图1.10 显示了一个一阶指数响应的示例，在这种情况下，$V_f=0$。我们可以通过从图中找到垂直轴上使得 $V=V(0)\mathrm{e}^{-1}$ 的时间，并读取水平轴上的值 $t=\tau$ 来估计 τ 的值。

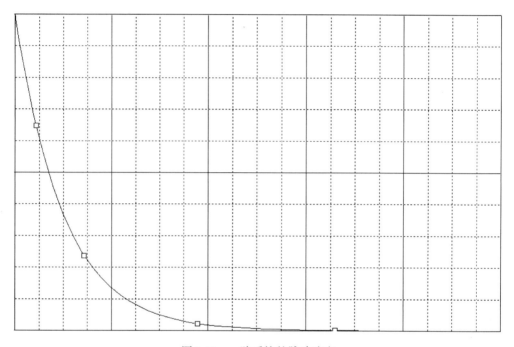

图 1.10   一阶系统的脉冲响应

如图1.11所示，二阶电路响应可以根据电路元件的相对值采用三种元件响应中的一种。过阻尼的情况是两个指数的总和，即

$$V(t) = V_1\mathrm{e}^{s_1 t} + V2\mathrm{e}^{s_2 t} \tag{1.22}$$

响应 s_1、s_2 的两个根都是实数，例如，$s_1 = 0.1\mathrm{s}$，$s_2 = 0.02\mathrm{s}$。这种响应形式类似于一阶脉冲响应。

欠阻尼情况是两个阻尼指数的总和，即

$$V(t) = V_1\mathrm{e}^{-\sigma t}\cos(\omega t) + V_2\mathrm{e}^{-\sigma t}\sin(\omega t) \tag{1.23}$$

这两种响应值都是复合共轭：$s = \sigma \pm \mathrm{j}\omega$。这种响应与一阶情况非常不同，因为这种响应无论上升和下降均在稳态值附近。

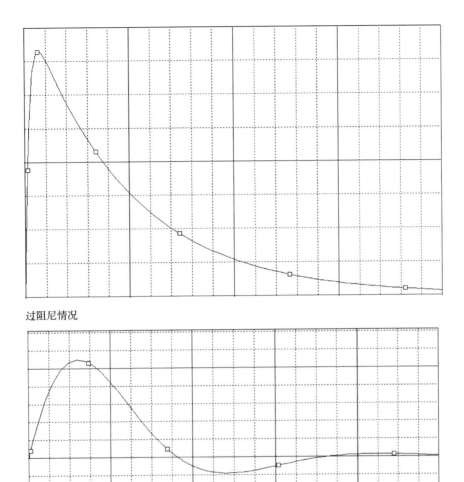

过阻尼情况

欠阻尼情况

图 1.11　二阶系统的过阻尼和欠阻尼响应

临界阻尼与过阻尼具有相同的形式，但两个根是相同的。

1.8　非线性和有源器件

我们对非线性器件，如二极管、晶体管等非常感兴趣。二极管的非线性可用于决策，例如给定电压是否代表逻辑 0 或 1。

图 1.12 所示为标准 pn 二极管的原理图符号。当正向电压施加到一定水平以上时，通过器件的电流实际上是短路电流。当施加反向电压时，二极管实际上是开路。目前还存在若干具有特殊属性的其他类型的二极管，例如在不同电压下工作的二极管，可以发光或检测光的二极管。

我们对晶体管也非常感兴趣，这里主要指有源晶体管。电阻、电容和电感都是无源的，因为它们不能放大信号。相反地，晶体管提供放大功能，这导致晶体管具备许多非常重要的优点。

图 1.12   二极管

图 1.13 为两种常见的晶体管类型。金属氧化物半导体场效应晶体管（Metal Oxide Semiconductor Field-Effect Transistor，MOSFET）既可用于数字电路，也可用于模拟电路。图中符号是特定类型的金属氧化物半导体场效应晶体管——增强型 n 型 MOSFET。其中，源极和漏极端子之间的电流取决于栅极电压。另一种广泛用于数字和模拟电路的是双极性晶体管，而今，双极性晶体管主要用于模拟应用。其中，发射极与集电极之间的电流是基极电流的函数。使用这两种晶体管时，一个信号可用于控制另一个更强的信号。对于金属氧化物半导体场效应晶体管和双极性晶体管几个重要方面的不同之处，我们将在接下来的章节中进行研究。

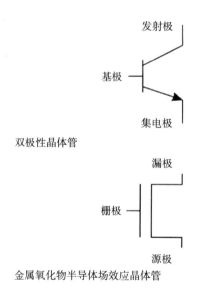

图 1.13   金属氧化物半导体场效应晶体管和双极性晶体管

金属氧化物半导体场效应晶体管和双极性晶体管在其一部分范围内可以被认为是大致线性的，这种线性属性用于构建多种类型的放大器。然而，它们的非线性特性也不容忽视，非线性使电路方程的解更加复杂。电路仿真器使用迭代方法来评估具有非线性器件的电路的行为，即使用节点电压和分支电流的估计来估计非线性器件的状态，然后使用器件值来更新电压和电流，之后返回非线性器件状态估计。当连续值集之间的差异变得足够小时，评估（称为时间步）停止。

1.9　设计方法和工具

在最终阶段，我们需要在电路理论基础上进行有用的接口设计。设计方法即我们在设计过程中执行的一系列步骤，在设计方法中，部分步骤将自动进行，而其他部分则是手动的。

在开始阶段，我们从一组初步构想的接口**要求**开始。然后，我们将这些要求细化为具体的规范，规范中包括特定值以及其他一些接口应该实现的细节。

分析是重要的第一步。我们可能会提出一些粗略的设计，然后使用分析工具（如基尔霍夫定律、s 域分析等）来表征设计并选择一些元件值。我们的大多数分析都是手工完成的。

模拟补充分析。模拟器可以比手工更准确地完成电路，特别是非线性电路的分析。也可以给模拟器一长串输入信号，以帮助我们更好地理解设计空间。数字逻辑仿真通常使用硬件描述语言（HDL）完成，例如 Verilog 或 VHDL。把硬件描述语言输入模拟器，之后模拟器会提供波形或表格输出。

除了电路的图形化输入以外，模拟电路的基本设计流程与数字电路的类似。图 1.14 显示了一个用于模拟仿真的简单电路。这里，电路的输入采用的是连接到电路仿真器的原理图捕获工具，我们将在本书中使用 OrCAD 原理图捕获工具和 Pspice 仿真器来演示案例设计。

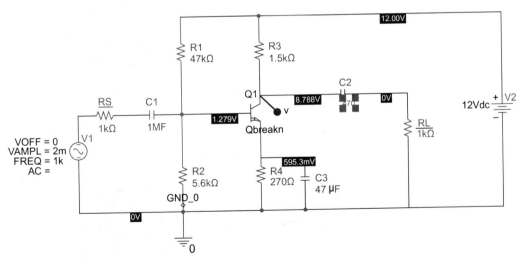

图 1.14　一个用于模拟仿真的电路设计

在构建电路之前，模拟我们的设计有助于最大限度地减少昂贵且耗时的错误。仿真 CPU 软件、数字逻辑和模拟电路之间的交互需要复杂的模拟器，而如果没有这些昂贵的设备，接口设计的某些方面就很难仿真。但是，在购买零件和花时间构建电路之前，使用数字或模拟仿真器模拟设计的关键部分，可以使我们对自己的设计更有信心。

有时在完成设计（包括模拟电路、数字逻辑、软件等）之后，除非非常有经验，否则我们可能要进行原型设计以确保设计方案符合标准。原型设计帮助我们确保计算机和电路之间的界限设计适当，还可以让我们评估电路的特性。虽然可以在没有微控制器的情况下对接口进行简单的测试，但必须将接口连接到微控制器以对系统进行完全的测试。现代制造技术依赖于集成电路的高级封装，这些封装是难以手动实现的，所以在开发阶段，通常使用连接了所选择的微控制器的评估板。图 1.15 显示了一个包括微控制器、支持逻辑以及开关和按钮的评估板，电路板的后部包括可以连接子卡的插座。图 1.16 显示的是带有原型设计模块的评估板，小型组件可以插入该区域，连接在一起，并连接到微控制器的输入和输出。

我们还需要一些设备来测试电路并了解它在做什么。鉴于许多接口运行的频率相对较低，不是很昂贵的设备通常也能有效地进行测试。例如，我们可以使用一个简单的电压表来测试电路的电压，也可以利用便宜的示波器连接到 PC，这些示波器通常包括几个用于数字信号的逻辑分析仪通道，可以用于用户接口测试。

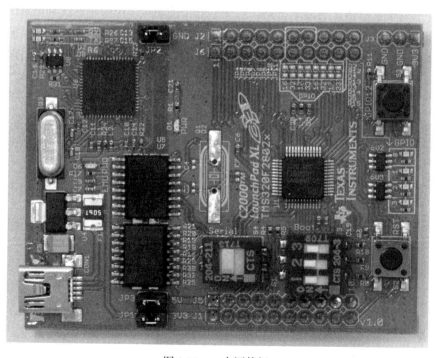

图 1.15　一个评估板

图 1.16　一个带有原型设计区的评估板

如果只需要一个接口副本，我们就可以完成。如果想要构建多个副本，可能就不是原型设计能解决的，而需要转向使用某种形式的制造技术。印制电路板（PCB）可以以合理的成本制造少量的电路板，与原型设计的布线相比，PCB 提供的特性更好。

第 8 章还将讨论嵌入式系统的原型设计和制造技术。

1.10　如何阅读本书

本书的其余部分将介绍用于接口设计的技术。我们会从子系统开始并转移到完整的接口设计。这些章节将分析与实际例子相结合，以下是其余章节的摘要：

- 第 2 章研究了几种标准接口类型。许多常见接口基于定义的公共标准，已经在市场上有了较多的实际应用，例如 I^2C 和 USB。了解这些常见接口的工作原理，可以帮助我们理解接口在嵌入式系统中的作用以及提供实用技术。
- 第 3 章讨论数字逻辑接口。在本章，我们将研究基本接口的逻辑设计及其电路特性。例如，在设计 FPGA 中的逻辑时，经常可以忽略电路问题，因为我们的初始设计为兼容的。当混合和匹配来自几个不同来源的逻辑或连接模拟和数字电路时，不能保证其兼容性。在设计接口时，必须确保数字逻辑遵循基本电路原理，否则，接口可能无法以正确的逻辑方式运行。

- 第 4 章研究使用晶体管的放大操作。放大是各种接口的关键操作。一些基本原则将允许我们设计和构建符合特定要求的放大器。

- 第 5 章介绍过滤以及信号生成和检测。过滤是放大操作的关键补充，可以使用模拟和数字技术进行过滤，这两种技术都有相应的优势。我们使用几种不同类型的受控精确波形进行过滤操作，如正弦波、方波等。我们可能要直接生成信号作为输出，也可以使用生成的信号来控制接口的其他部分。检测信号是一种补充滤波的非线性操作。

- 第 6 章研究在模拟和数字表示之间进行转换的电路。转换是接口设计的核心，我们需要了解转换器的工作原理，以便正确应用它们并为我们的应用选择最佳转换器类型。

- 第 7 章介绍了电力传输和转换。在实际电路中，是不提供理想电源的，所以需要了解现实电源电路的局限性及其对模拟电路和数字电路的影响。研究电源转换电路的设计有助于我们了解它们的作用，在某些情况下，我们也可能想要设计自己的电源转换电路。

- 第 8 章将这些技术结合在一起，创建了模拟和数字系统相结合的混合信号系统。混合信号设计也是接口设计的核心，它要求我们充分应用所有的模拟设计和数字设计技能。

本书的内容主要以金属氧化物半导体场效应晶体管为主，而两个附录主要介绍双极性器件和电路，其中附录 A 描述 TTL 逻辑，附录 B 分析双极性放大器。

此外，本书配套网站包含其他材料，其中，一系列演示文稿总结了本书中的内容，实验练习补充并扩展了本文中的描述。实验室流程可能会发生变化，尤其是涉及软件的部分，所以该网站也提供了一个共享更新材料的论坛。

问题

1.1   请找出以下电路的等效电阻：

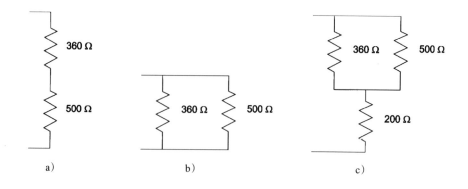

1.2　请找出以下电路的等效阻抗：

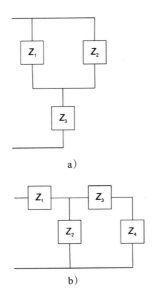

a)

b)

1.3　以下电路称为分压器：

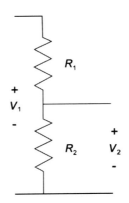

给定 R_1 和 R_2，求 V_2/V_1 的值。

1.4　给定以下桥接电路：

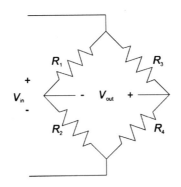

请找出用 V_{in} 表示 V_{out} 的函数。

1.5　当 $C=1\mu F$ 时，在 $[628，6.28 \times 10^6]$ r／s 范围内绘制电容的电抗。

1.6　当 $L=1mH$ 时，在 $[628，6.28 \times 10^6]$ r／s 范围内绘制电感的电抗。

1.7　在 $[20，20 \times 10^6]$ Hz 范围内，绘制以下电路的阻抗：

　　1）串联电路，$R=1k\Omega$，$C=1\mu F$；

　　2）串联电路，$L=1mH$，$C=1\mu F$；

　　3）串联电路，$R=1k\Omega$，$L=1mH$，$C=1\mu F$。

1.8　对于以下梯形电路，根据阻抗 Z 找到 s 域传递函数 $T(s) = V_{out}(s) \Big/ V_{in}(s)$。

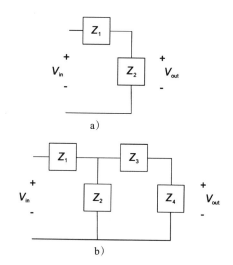

a)

b)

1.9　对于以下传递函数，绘制零极点图：

　　1）$\dfrac{1}{\left(s - j10^3\right)\left(s + j10^3\right)}$；

　　2）$\dfrac{s^2}{\left(s - j10^3\right)\left(s + j10^3\right)}$。

标准接口

2.1 简介

日常我们使用的接口标准有很多。很多部件和系统中嵌入了诸如 I²C 或 USB 这样的标准。在使用它们时通常不需要硬件设计，只需有限的软件设计。理解这些接口如何工作是非常有用的。它们的原理同样可帮助我们理解嵌入式系统中接口的作用。

图 2.1 所示的 OSI 模型被广泛用于描述计算机网络的设计。该模型包含了从具有最基本物理特性的第 1 层到处于第 7 层应用层的多个层。本章集中介绍统称为媒介层的下面 3 层。

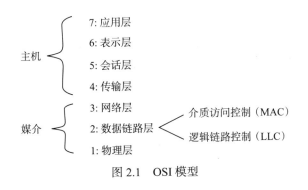

图 2.1 OSI 模型

- 第 1 层，物理层（PHY），它包含连接器件的物理特性及电气特性。比如，物理特性包括使用的连接器的类型。电气特性描述了数据所使用的信号。
- 第 2 层，数据链路层，描述了从一个网络节点到另一个网络节点间基本的数据传输。这一层的传输单位是帧。该层分为两个子层：介质访问控制层（MAC），控制设备如何访问通信介质；逻辑链路控制层（LLC），识别并封装网络层协议以及管理纠错和帧同步。
- 第 3 层，网络层，它可能跨越不同类型的网络将数据序列从一个节点移动到另一个节点。

本章将介绍 6 种不同的标准接口：

- RS-232 串行接口，通常用在个人计算机中。

- I²C 接口，通过相对简单的总线实现与设备通信。我们也会讨论用于数字音频的 I²S 总线，以及用于汽车系统的 CAN 总线。
- 通用串行总线（USB），经过几次修订，已成为计算机接口的通用标准。
- WiFi，广泛用于计算机和物联网系统的一种无线网络。
- Zigbee，为嵌入式系统设计的一种无线网络。
- 两个无线接口，蓝牙（Bluetooth）和低功耗蓝牙（BLE）。尽管这两个接口共用一个公共根目录，但是它们在一些重要方式上有所不同。
- LoRaWAN，一种低功耗广域网。

在 2.9 节，我们将考虑依赖于通信接口的互联网连接。

2.2 RS-232

串行接口是老式的计算机接口，这些接口的出现早于许多包含 OSI 模型在内的现代计算机系统的特征。这些年定义了许多不同的串行接口和协议。RS-232 标准创建于 1960 年，多年来大部分计算机都提供 RS-232 接口。如今很少有计算机提供串行接口，但是 RS-232 仍在一些工业设备中使用。串行接口并没有按照现代标准高速运行，但是它们对硬件及软件的要求是最低的。

图 2.2 展示了 RS-232 连接的早期典型应用案例，这种结构有助于解释标准中使用的一些专业术语。当一台计算机有一个房间那么大时，用户通常坐在别处，使用串行线连接至计算机。调制解调器通过电话线来传送数据。RS-232 链路用来分别连接调制解调器到计算机和终端。在这种情况下，终端是数据终端（DTE），调制解调器是数据闭路终端设备（DCE）。

图 2.2 RS-232 早期的典型应用

RS-232 电气标准使用的电压比目前通常使用的电压高很多。这些高压通常需要专门的电路，然而，它们在具有挑战性的环境下的确提供一定的抗噪能力。标准允许高达 25V 的信号，使用正电压和负电压，接地电压不是有效电平。标识数据的信号以低电压电平传送，空信号以高电压电平传送。

图 2.3 展示了用于串行端口的 9 引脚 D-sub 连接器。该连接器是接口需要符合机械规格的一个例子——用户必须能够将部件插入连接器。9 个引脚用于各种信号：

- 引脚 1：数据载波检测（DCD）
- 引脚 2：串行数据输入（RxD）
- 引脚 3：串行数据输出（TxD）
- 引脚 4：数据终端准备好（DTR）
- 引脚 5：接地（GND）
- 引脚 6：数据集准备好（DSR）
- 引脚 7：请求发送（RTS）
- 引脚 8：清除发送（CTS）
- 引脚 9：振铃提示（RI）

TxD 和 RxD 分别是数据传输线和接收线。这些方向定义自终端或计算机，例如，发送是信号从一个终端到一个调制解调器。零调制解调器是一种具有两个连接器的设备，可以交换从一个连接器到另一个连接器的发送和接收线路。

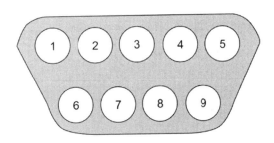

图 2.3　用于 RS-232 的 D-sub 连接器

图 2.4 展示了在 RS-232 连接上一个字符的形式。发送和接收速率由各自的时钟控制，这些时钟比典型逻辑电路中使用的时钟慢得多。字符以一个起始位开始，该起始位始终是低电压并持续一位的时间。然后是数据位，数据位后面是一个奇偶校验位。字符以一个停止位结束，停止位至少有一位，可能持续两个位。

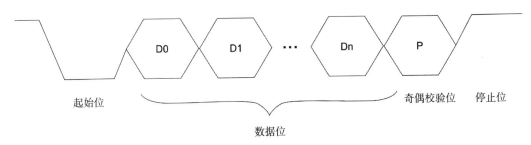

图 2.4　传输的 RS-232 字符

奇偶校验提供简单的错误检测。将一个奇偶校验位添加到字符中；奇偶校验位的值取决于字符中的位。首先，我们对所有字符位执行异或操作。然后有两个协议要遵循：偶校验设置奇偶校验位，使得数据加上奇偶校验位的异或结果为偶数（0）；奇校验设置奇偶校验位，使得数据加上奇偶校验位的异或结果为奇数（1）。接收器将接收到的位做异或计算，双方通信前就使用奇校验还是偶校验已达成一致。如果接收到的字符的奇偶性与指定的奇偶性不匹配，则接收器可以发出错误信号。

我们可以研究 8251A 数据表来理解 RS-232 信号，其中一些术语是有用的。波特率是发送符号的速率；比特率是传输数据位的速率。如果通信介质可以在一个数据位中编码多个符号，则比特率高于波特率。标识和空分别用于描述逻辑 1 和 0。典型的 RS-232 连接包括一端的计算机、另一端的终端和它们之间的调制解调器。

DSR'是由 8251 提供的表示就绪的数据集，采用逻辑上取反的形式。CPU 可以测试此信号以确定调制解调器是否准备好。DTR'在逻辑上也是颠倒的，它指示终端是否准备就绪。

随着时间的推移，RTS 和 CTS 的作用也发生了变化。最初，它们被用来切换数据的方向，当时相对简单的调制解调器随着时间推移只能向一个方向移动数据。最终，调制解调器变得更加复杂，设备也变得能够发送更大的数据块，因此 RTS 和 CTS 被用于流控制。图 2.5 所示的流控制协议是一种握手形式的协议，用于管理速率及避免缓冲区溢出。发送器和接收器都由各自的状态机控制，这些状态机之间的交互定义了流控制协议。发送器响应内部 go 信号以启动传输过程。它发送一个高电平的 RTS 信号，等待接收器返回 CTS。它发送所需的数据位，完成后，使 RTS 无效（即设置 RTS 为低电平），然后等待接收器使 CTS 无效。接收器同时运行。当接收到一个 RTS 时，它等待一个内部 OK 信号，然后使用 CTS 信号发出准备接收的信号。它接收位信号，然后等待发送器使 RTS 无效，与此同时使 CTS 无效。协议处理的每一方都经过 4 个状态以返回初始状态，这样使得每一方都为另一个字符做好准备。在后来版本的 RS-232 标准中，准备接收（RTR）信号与 RTS 共享相同的引脚，但用于流控制操作。调制解调器可以使用振铃指示信号来告诉终端或计算机电话正在响。C/D 信号用于指示总线上是否有数据或命令。

构建 RS-232 接口的一种常用方法是使用特定的芯片 Intel 8251A。随着 8251A 的普及，后来它的设计由其他生产商提供。8251A 的设计目的是实现很多现有的串行通信标准，它是灵活的，但设计师在很大程度上负责将这种灵活性转化为可用的串行链路。

图 2.6 展示了 8251A 上的引脚框图。左侧的信号传送到计算机，右侧的信号传送到串行线路。其中一些 CPU 信号对应于 RS-232 信号：DSR、DTR、CTS 和 RTS 均以取反形式给出。数据由 8 条平行的双向线路提供。C/D'信号用于确定数据线上是数据（0）信息还是控制（1）信息。复位信号允许芯片复位。CLK 信号提供时钟。RD'和 WR'

用于告知 8251A 当前 CPU 正在进行读操作还是写操作。在串行线路侧，我们已经发送了串行信号。TxD 发送数据，TxRDY 信号表示发送器是否准备好，TxE 信号表示发送器没有准备发送的字符。TxC' 是用来确定数据符号速率的时钟。RxD 用于接收数据，RxRDY 表示接收器已就绪，RxC' 用于接收数据时钟。SYNDET/BRKDET 信号用作输出（同步检测）或输入（中断检测）。

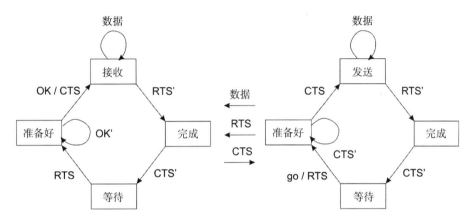

图 2.5　用于流控制的发送和接收状态机

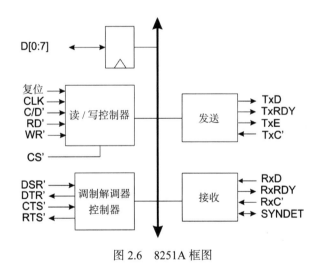

图 2.6　8251A 框图

8251A 内部有 7 个 8 位寄存器。其中两个寄存器——发送和接收缓存——用来存放发送或接收的数据。sync1 和 sync2 字符仅在同步模式下使用。状态寄存器提供状态和错误信息。模式寄存器用来确定使用同步模式还是异步模式及其参数。命令寄存器用于启用、禁用和错误处理。

8251A 复位后，CPU 需要发送两个字：首先是一个模式指令，它指定同步或异步模式以及一些操作参数，接下来是一个设置发送和接收模式的命令指令。

模式指令位的使用如下：

- 位 0 ~ 1 指定波特率系数：同步模式（00）、1X（01）、16X（10）或 64X（11）。这个系数决定标号 / 空格速率和发送 / 接收时钟之间的转换率。
- 位 2 ~ 3 指定字符长度：5 位（00）、6 位（01）、7 位（10）、8 位（11）。
- 位 4 ~ 5 指定奇偶校验方式：偶校验（11）、奇校验（00）、禁用（10,01）。
- 位 6 ~ 7 指定停止位长度：1（01）、1.5（10）、2（10）。

命令寄存器位包括：

- 位 0：TXEN，启用（1）或禁用（0）发送。
- 位 1：DTR，以取反形式发送 nDTR 输出值（1 表示 0，0 表示 1）。
- 位 2：RXE，启用（1）或禁用（0）接收器。
- 位 3：SBRK，发送中止字符（1）或正常工作（0）。
- 位 4：ER，错误标志复位（1）或保留错误标志（0）。
- 位 5：RTS，以取反形式发送 nRTS 输出值。
- 位 6：IR，内部复位（1）或正常工作（0）。
- 位 7：EH，启用搜索方式（1）或正常工作（0）。

状态寄存器位包括：

- 位 0：TXRDY，指示发送器忙（0）或就绪（1）。
- 位 1：RXRDY，指示接收器忙（0）或就绪（1）。
- 位 2：TXEMPTY，指示发送器忙（0）或发送器空（1）。
- 位 3：PE，指示奇偶校验错误（1）或正常（0）。
- 位 4：OE，指示溢出错误（1）或正常（0）。
- 位 5：FE，指示帧错误（1）或正常（0）。
- 位 6：SYNDET，指示是否检测到同步字符（1）。
- 位 7：DSR，以取反形式指示 DSR 值。

RS-232 的魅力之一是它足够慢且简单，我们甚至可以观察到它在运行。分线盒是一种带有一对 D-sub 连接器的简单设备。RS-232 信号流过，但也显示在 LED 上。数据通常太快，无法直接读取，但可以看到控制信号。观察它们可以让我们了解串行线路是如何工作的。

2.3　I^2C、CAN 和 I^2S

I^2C[45] 广泛用于连接系统中的多个芯片。这种总线提供相对较低的数据速率，因此它主要用于模式控制和类似的低速应用。然而，其极低的成本使其无处不在。CAN 总线 [8] 广泛用于汽车电子电气系统，它的结构和 I²C 非常相似。

I²C 的物理层非常简单。如图 2.7 所示，串行总线包括两根线：串行数据线（SDA）和串行时钟线（SCL）。每条线都连接一个上拉电阻。当一个设备想在任意一根线上发送一个零，它就会打开晶体管来拉低这根线。当没有设备要传输零时，上拉电阻确保线路保持高电平。这种约定能确保当两个设备同时要写操作时不会损坏总线。该标准规定了几种以不同速率运行的模式：100kbit/s 标准模式，400 kbit/s 快速模式，1Mbit/s 快速增强模式，3.4 Mbit/s 高速模式。标准模式的逻辑电平输出 $-0.5\text{V} \leqslant V_{\text{IL}} \leqslant 0.3\text{V}$，$V_{\text{IH}} \geqslant 0.7\text{V}$。标准模式允许最大时钟频率为 100kHz。

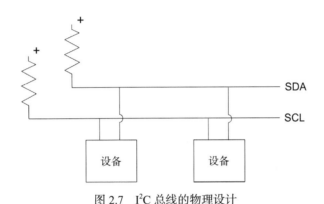

图 2.7 I²C 总线的物理设计

CAN 总线使用类似的物理层，其中的信号可以在最大长度为 50m 的情况下以 1 Mbit/s 的速率传输。现在还有使用光学链路的变体。

所有数据以一字节 8 位的形式发送。如图 2.8 所示，数据从最高有效位（MSB）传输至最低有效位（LSB）。接收从机确认每个位：主机暂时释放 SDA，从机将 SDA 值设置为低电平来表示确认，或将其设置为高电平表示不确认。

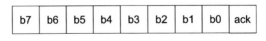

图 2.8 I²C 总线的字节格式

如图 2.9 所示，数据传输由一个起始位、一个字节序列和一个停止位组成。SDA 上由高变低的转换发出起始信号，而 SDA 上由低变高的转换发出结束信号。数据传输的第一部分是地址，加上一个读 / 写位。该图显示了原始的 7 位地址模式，第一个字节的前 7 位是地址，第 8 位表示读 / 写位。10 位地址模式使用前两个字节作为地址和读 / 写位，高地址字节的高 5 位是 11110。主机可以通过发送另一个起始信号而不发送停止信号以产生连续的数据传输，此功能允许主机将数据发送到几个不同的从机，没有中间停止位的开销。

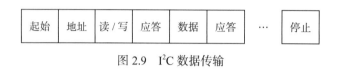

图 2.9 I^2C 数据传输

因为总线上可能有多个主控，所以必须仲裁主控权以确定哪个主控可以传输。与某些总线不同，仲裁发生在地址位的传输过程中。该协议利用物理层设计来简化仲裁。当总线处于非活动状态时，设备可能开始写操作。当两个设备同时尝试写入时，直到两个设备尝试发送不同的位，每个设备才能识别另一个设备正在尝试传输。两个设备在传输时都会监视总线。当检测到冲突时，优先级较低的设备立即停止传输。总线时钟足够慢，以便在时钟周期的剩余时间内正确传输有效位。此标准保留了一些地址，包括一个常规的回调地址。发送一个常规调用，后跟第二个字节 00000110，表示软件复位。CAN使用相似的仲裁方法。节点监听总线以确定新的传输何时开始。

来自制造商的设备通常具有默认地址。有的设备根本不允许更改地址，有的设备允许有限范围的地址被重新编程，有的允许对地址进行任意重新编程。如果设备没有提供足够的地址重新编程，那么一种常见的解决方法是在设备的数据部分为每个设备分配一个唯一的标识符。到这类设备的每个数据传输都是从设备地址开始，后跟一个字节，该字节给出了传输的目标的标识符。这个解决方案以总线带宽为代价。

I^2S 总线 [47] 有一个与 I^2C 非常相似的名称，它们由同一家公司开发，但用于非常不同的目的。该总线是专门为用户音频系统芯片之间通信而设计的几种流音频接口之一。总线包括 3 条线：时钟 SCK、字选择 WS 和数据 SD。字选择用于指示数据是用于左声道还是右声道，隐式地将标准限制为立体声。任何能够有效驱动时钟的设备都是主控设备，但是标准中没有提供总线主控设备之间的切换机制。

2.4   USB

通用串行总线（USB）用于数十亿的计算设备中。考虑到它在计算领域的广泛应用，它被用于嵌入式系统接口，或者连接到主机，或者将嵌入式计算机连接到其他设备也就不足为奇了。

在过去的二十年中，USB[14, 26] 演变了几个版本，随着时间的推移，它提供了更高的性能和其他功能。USB 1.1 以 12 Mbit/s 的速度运行，USB 2.0 以 480 Mbit/s 的速度运行，USB 3.0 以 5 Gbit/s 的速度运行，USB 3.1 以 10 Gbit/s 的速度运行，USB 3.2 以 20 Gbit/s

的速度运行。

从 USB 主机上运行的应用程序来看，USB 总线上的设备为主机的应用程序提供函数。如图 2.10 所示，每个应用程序处理一个函数，它不将总线看作一个整体。应用程序使用 USB 应用程序编程接口（API）来处理函数，而不是使用低级设备操作。稍后我们将更详细地讨论 USB API。

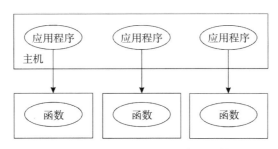

图 2.10　USB 中的应用程序和函数

在物理层面，USB 总线可以表示为一棵树，如图 2.11 所示。主机为网络提供根集线器，主机接口称为主机控制器。根集线器连接一个或多个集线器，然后集线器连接到设备的一些组合或其他集线器。总线最多可以有 7 层设备，包括根集线器。逻辑上，USB总线呈现为这样一种总线——所有的设备和集线器都会接收到相同的数据流量。然而，USB 3.x 中的超高速连接不是共享的，而是点对点的。

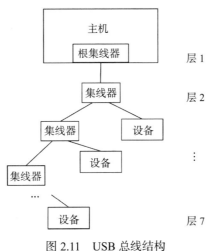

图 2.11　USB 总线结构

USB 2.0 使用四线电缆连接网络节点：电源信号 V_{bus}、地线和两条数据线 D+ 和 D-。时钟与数据一起编码，差分信号用于提高抗扰能力。数据信号使用反向不归零（NRZI）编码：信号无变化表示 1，有变化表示 0。通过监视这种转换，可以从连接两端的数据流中提取时钟。然而，一长串1将不会导致任何转换，使得电路没有信息来推断时钟。这个问题通过位填充来解决：在每连续6个1的字符串后插入一个零，然后由接收器取出填充的位。增强型超高速（SuperSpeed）USB 3.1架构为高速数据增加了4条线路，这些线路与USB 2.0提供的低速/全速/高速数据是分开流动的。超高速路径上的数据使用8b/10b编码，而SuperSpeedPlus路径使用128/132b编码，这些编码为时钟恢复提供了一种更复杂的转换管理形式。

功能模块可以自供电或从USB获取电源。随着标准的发展，连接的供电能力已经从相对有限增长到非常可观的水平：USB 1.0为0.5W，USB 2.0为2.5W，在新的USB电源传输规范中为100W（USB 2.0顾及了向下游充电端口，该端口不符合标准，但可以支持更多电源）。增强的超高速架构提供了额外的电源管理功能。由于超高速数据被路由到其目的地，而不采用广播方式，因此不是通信目标的设备可以保持低功耗状态。

图2.12展示了USB总线的主机和设备侧的分层图。在主机端，客户机应用程序与设备的功能层进行逻辑交互。主机的USB系统软件层和USB逻辑设备层分别提供相应功能，使得主机侧和设备侧完成必要的操作。USB主机控制器和USB总线接口在USB总线上进行物理连接，以完成所需的通信。

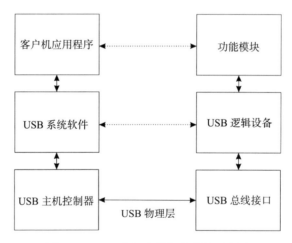

图2.12　USB主机和设备的分层示意图

主机控制器启动所有传输。总线协议基于轮询。用于连接主机和端点的协议称为管道。管道可以是以下几种类型之一：

- 流管道使数据从源点流到目标点。字节顺序保持不变，没有USB强制要求的结构。
- 消息管道根据请求/数据/状态模型运行，并提供双向通信。

消息管道具有明确定义的结构，而流管道没有。管道可以配置带宽、传输服务类型和端点特征。

设备向主机提供一组端点，每个端点都是通信的目标。一个端点为应用软件提供几个参数来管理通信：端点编号、总线访问频率和延迟要求、所需带宽、最大数据包大小、错误处理、传输类型、传输方向。默认控制管道必须是每个设备上的端点零，用于调节状态和进行控制。

传输有如下四种类型：

● 控制传输由主机启动，用于状态查询和命令。

● 等时传输是周期性的、流传输。

● 中断传输提供有限的延迟通信，且不经常使用。

● 批传输是非周期性的，用于时间不敏感的大量数据传输。

如果设备需要几种不同类型的连接，则每个连接都建立在不同的管道中。

总线上的通信被构造成数据包。发送数据位时首先在总线上发送最低有效位，字节以小端顺序、最低有效位优先发送。数据包包括同步字段、数据包标识符（PID）、设备地址字段、端点字段、帧编号字段、长度从 0 ～ 1024 字节的数据字段以及令牌和数据的循环冗余检查（CRC）。PID 可以是如下 4 种类型之一：令牌、数据、握手或特殊。每种类型都细分为不同类别。在 USB 2.0 中，数据分为帧或微帧。帧由总线上的帧起始（SOF）标记。全速模式下，每隔 1 ms 生成 SOF 令牌；高速模式下，它们以 125μs 的间隔产生。帧编号用于识别帧或微帧。单独的数据包格式用于增强型超高速 USB。

USB 支持将请求与响应分开的拆分事务。拆分事务在处理请求时允许其他设备使用总线。设备可以处于以下几种状态之一：

● 当设备连接到 USB 总线时，进入连接状态。

● 当设备通电时，处于通电状态。

● 设备重置后，处于默认状态。

● 一旦主机控制器将地址分配给设备，就处于地址状态。

● 完成其他所需的配置操作后，设备处于已配置状态。

● 设备可能被挂起，在这种情况下，主机可能不使用其功能。

当设备连接到总线时，主机控制器枚举设备：

● 主机控制器在其状态更改管道上接收事件。设备处于连接状态。

● 主机查询集线器以确定变化的性质并标识正在使用的端口。

● 当设备通电时，主机至少等待 100 ms。设备处于通电状态。

● 主机向端口发出复位命令。设备处于默认状态。

● 主机使用默认的控制管道来确定设备的最大数据负载。

● 主机为设备分配唯一地址，使设备处于地址状态。

● 主机读取设备的可能配置，它可能有多个配置。

- 主机根据设备的可能配置和使用方式来确定设备的配置值。一旦设备完成其配置过程，它就处于已配置状态。

除了特殊功能外，每个USB设备还必须提供几种常见操作：

- 随时动态连接和移除。
- 地址分配。
- 配置。
- 数据传输。
- 电源管理。
- 功率预算——配置过程根据总线上的可用电源以及其他设备的电源需求来选择设备的电源模式。
- 远程唤醒使设备脱离挂起状态。
- 请求处理。

USB对操作施加了一些时间限制：5s处理一个命令，连接至总线到开始传输之间的恢复时间为10ms；设置地址的状态阶段为50ms，设置地址后有2ms的恢复时间；无数据阶段的设备请求的状态阶段为50 ms；启动数据传输的请求为500ms。

一个集线器将一个上游端口与几个下游端口连接起来。集线器包括三个主要的子系统：集线器控制器、集线器中继器和事务转换器。

主机负责检测设备的连接和移除时间，管理设备之间的控制和数据流，收集状态和活动统计信息，并提供电源。这些服务由USB系统软件管理，该软件包含三个组件：主机控制器驱动程序、USB驱动程序和主机软件或应用程序。主控制器执行以下几种类型的操作：

- 管理和报告自身状态。
- 序列化输出数据和反序列化输入数据。
- 微帧的生成。
- 管理主机之间的数据请求。
- 执行USB协议操作。
- 检测错误信息并对其做出反应。
- 将总线置于挂起状态，并能够唤醒总线。
- 执行根集线器功能。
- 提供主机系统接口。

2.5 WiFi

WiFi是一组无线数据标准的品牌名称。这些标准是IEEE 802.11系列的一部分。这套标准定义了无线局域网的 MAC 层和 PHY 层。这些标准适用于多个波段。数据速率取决于系列成员，示例包括 6Mbit/s ~ 54 Mbit/s 的 802.11a 和 54Mbit/s ~ 600 Mbit/s 的 802.11n。

数据被组织成由 MAC 头、有效载荷和帧校验序列构成的帧。管理框架用于维护操作。

WiFi 本是为固定和移动计算应用程序而创建的，这些应用通常以比现代物联网设备功率更高的功率运行。现在已经开发出降低嵌入式应用中 WiFi 功耗的技术。

2.6 ZigBee

ZigBee 是一种网络级和应用级的无线标准，它使用 IEEE 802.15.4 标准中的 PHY 层和 MAC 层，提供高达 250kbit/s 的数据速率。

每个 ZigBee 网络都有一个 ZigBee 协调器（ZC），以形成网络树的根。ZigBee 终端设备（ZED）仅提供基本功能，不能直接向其他设备发送数据或从其他设备接收数据。ZigBee 路由器（ZR）在设备间或设备和协调器之间传递数据，还可以运行应用程序。网络可以在信标或无信标模式下运行。如果在启用信标模式下工作，路由器会进行周期性传输，设备可能会在信标传输时进入睡眠状态以节省能源。

ZigBee 在 802.15.4 标准提供的 PHY 层和 MAC 层之上添加了两层：网络数据服务（NWK）和应用程序（APS）。物理层操作数据包，MAC 层操作帧。

网络层提供数据和管理。网络层发现网络中的节点。它形成这样一个网络：标识它可以操作的通道；然后为网络中的每个设备分配一个 16 位的网络地址。通信可以是广播、多播或单播。网络可以组织为树状或网状。网络层限制了数据帧传播的跳数，称为半径。网络层负责发现网络中的路由并构建路由表。网络形成后，协调器管理设备加入或离开网络的过程。

应用层包括 3 个主要组件。应用支持（APS）子层与网络层相连。ZigBee 设备对象（ZDO）负责设备管理和服务，包括定义设备是作为协调器、路由器还是终端运行。ZDO 还负责安全操作。

应用程序框架提供了几个服务，包括用于数据传输的消息服务和用于服务属性的键值对（KVP）。应用程序配置文件可用于管理应用程序的配置，已定义了多个通用应用程序配置文件。配置文件由一个 16 位的配置文件标识符命名，该标识符必须由 ZigBee 联盟颁发。配置文件包括群集和设备描述。群集有自己的 16 位标识符，它由一组作为键值对的属性组成，用于组织属性。设备描述与应用程序配置文件分开，由五个部分组成：节点描述符（类型、制造商代码）、电源（电池供电或墙壁供电，电池状态）、简单描述符（配置文件标识符、群集）、复杂描述符（序列号等）和用户描述符，最多包括 16 个 ASCII 字符，用于附加信息。

安全基于 128 位密钥的 AES 加密算法。主密钥预先安装到信任中心，然后信任中心向网络中的其他节点提供密钥，以进行安全通信。

2.7 蓝牙和低功耗蓝牙

蓝牙 [23] 是 20 世纪 90 年代中后期为电话和 PC 设备操作等应用开发的。

物理层在工业科学医疗（ISM）频段上运行，该频段是全球分配用于免许可操作的无线电频段。利用跳频扩频技术对数据进行调制，该技术根据时间表改变频率，既提高了安全性，又降低了干扰。跳数以 1600 跳 /s 的速率执行。跳数之间的间隔即时隙，在该时隙间可以传输一个数据包。数据包具有固定格式，包括访问代码、数据包头和最多 2745 位的数据有效负载。多时隙数据包使用最多五个时隙也能被发送出去，它提供的峰值数据速率为 1Mbit/s。

蓝牙支持两种类型的链接：

- 面向同步连接（SCO）链路为诸如语音之类的服务提供对称的流式链接。
- 异步无连接（ACL）链路是为突发传输而设计的，它们可以对称或非对称地运行。

在设备之间建立连接称为配对。蓝牙设备可以组织称为微微网的自组织网络。通常是设置网络的设备作为主设备运行。主设备通过发送主时钟来协调跳频。

蓝牙系统可分为控制器、主机和应用程序。控制器包括以下几层：

- 物理层提供无线电和空中接口。
- 直接测试模式可用于测试物理层。
- 链路层提供数据链路服务。
- 主机 / 控制器接口（HCI）是主机的接口。

主机包括：

- 逻辑链路控制和适配协议（L2CAP）在数据链路上提供信道抽象和多路复用。
- 安全管理器管理配对和密钥分发。
- 属性协议定义了对等设备上的数据访问。
- 通用属性配置文件定义了属性类型及其使用。
- 通用访问配置文件定义了发现和连接服务。

应用程序层定义了以下几个组件：

- 特征是已知格式并有通用唯一标识符（UUID）的数据。
- 服务是一组特征及其相关行为。

● 配置文件描述了服务的使用。

低功耗蓝牙（BLE）是在蓝牙体系下定义的，但它在很多方面有所不同。BLE 已针对低能耗操作进行了优化，这意味着在一定程度上尽可能少地使用无线电。BLE 设备是有特定状态的，它们在无线电操作之间保持该状态。BLE 操作是无连接的，这是与传统蓝牙相比的一个重大变化。BLE 被组织为客户机 – 服务器系统，它提供一个面向服务的体系结构来访问服务器上的信息。

2.8　LoRaWAN

物联网应用推动了新网络的设计，该网络旨在覆盖大的地理区域，但仍然为电池供电的设备提供低功耗操作。LoRaWAN[35] 就是这种网络的一个例子。该网络利用扩频技术。通信可以设置为各种数据速率，网络服务器管理链路的数据速率和无线电功率，以保证电池寿命和可用带宽。数据速率可能在 0.3kbit/s ～ 50kbit/s 之间。LoRaWAN 的操作范围比无线网络的典型操作范围长得多。LoRaWAN 链路可以在干扰较大的城市环境中运行 2km 以上，在干扰较低的地区可以运行 20km 以上。

LoRaWAN 设备在 3 个类中运行。A 类设备仅在终端设备启动时通信，所有通信都是使用 Aloha 协议异步进行的。B 类设备与网络信标同步，同步是以更高的功耗为代价降低延迟。C 类设备始终保持其接收器处于开机状态，为下行链路传输提供较低的延迟，但会导致较高的功耗。

LoRa 网关连接到星形架构中的一组设备。网关连接到 Internet，并在 Lorawan 链路和 Internet 之间转换数据。网络根据 AES 标准定义网络会话密钥和应用程序会话密钥。

2.9　联网设备

联网设备被用于各种各样的应用，并且几乎用在系统复杂性的每个级别上。联网设备的设计要求我们跨越软 / 硬件的边界。

因特网协议（IP）是为提供网络通信而开发的。早期的计算机通信网络是孤岛，多个标准使得构建大规模网络的工作复杂化。Internet 协议允许数据以一致的方式跨网络边界移动。在 IP 上构建了许多服务：

● 传输控制协议（TCP）通过提供错误纠正、确保端到端传输以及允许接收方重构跨多个数据包的数据顺序来增强 IP。TCP 在第 4 层运行，并提供面向连接的服务。

● 用户数据报协议（UDP）是用于数据报的无连接服务。

● 超文本传输协议（HTTP）为分布式应用程序提供请求 – 响应服务，万维网就是一个典型的例子。

因特网协议可以在广泛的通信媒介上执行。高级的、面向主机的操作通常在软件中执行。为联网设备选择媒介时，可以考虑以下因素：

- 通信带宽。
- 所需 CPU 资源。
- 成本和实际尺寸。
- 功耗。
- 与可用通信网络的兼容性。

联网设备的设计还需要考虑网络和应用程序之间的关系。很少有应用程序会直接使用 IP。更高级别的协议以标准方式提供有用的分布式服务。发布 / 订阅设计模式广泛应用于物联网系统。系统中的发布者生成消息，但不指定特定的收件人。订阅者可以识别他们感兴趣的消息类型。代理通常用于决定应向每个订阅用户发送哪些消息。发布 / 订阅模型允许系统中的节点轻松进入和退出，许多物联网系统允许节点随意进入和退出网络。

有几种不同的协议用于构建物联网设备。HTTP 通常用于提供面向设备的服务和简单的设备接口。CoAP[28] 提供无状态 HTTP 传输，用于物联网设备。MQTT[27] 是基于发布 / 订阅模型的面向物联网的协议，可以在 TCP/IP 上运行，也可以在其他协议上运行，这些协议提供有序连接（数据可以按传输顺序重新组装）、无损连接（数据可以重新传输，直到在目的地接收到数据）和双向连接。对于物联网应用程序，MQTT 被设计为 HTTP 的替代方案：MQTT 使用一个更简单的数据模型，该模型不引入面向文档的概念；由于基于发布 / 订阅模型，MQTT 客户机不需要知道哪些设备接收其数据；MQTT 比 HTTP 更简单，操作更少，消息更小、更简单；MQTT 提供服务质量（QoS）级别；MQTT 发布 / 订阅模型可提供多点通信。

问题

2.1 比较 OSI 模型中的 PHY、LLC 和 MAC 层的作用。

2.2 比较标准模式下 I^{2}C 和 USB 3.0 的带宽。

2.3 比较 I^{2}C 和 USB 3.0 的物理层网络拓扑结构。

2.4 USB 设备枚举的目的是什么？

2.5 对比 WiFi 802.11a、ZigBee、蓝牙的带宽。

2.6 蓝牙和 BLE 设备的网络行为有什么不同？

2.7 描述发布 / 订阅系统中主要组件的作用。

逻　辑

3.1　简介

　　逻辑设计是嵌入式接口中的一个重要组成部分。当使用被设计为协同工作的组件来设计逻辑时，我们可以专注于它们的逻辑功能。但是对于接口，常常需要我们混合和匹配组件，进而暴露出其不兼容性。在这些情况下，理解逻辑电路的特性对于确保逻辑按预期工作是至关重要的。

　　3.2 节将讨论数字逻辑的规范。3.3 节介绍了基于 MOSFET 的 CMOS 逻辑及其电路特性。3.4 节介绍了高阻抗输出门。3.5 节介绍了两种总线结构：漏极开路和高阻抗。3.6 节讨论用于保存状态的寄存器。3.7 节研究可编程逻辑器件。3.8 节介绍连接到 CPU 的逻辑结构。3.9 节讨论了保护逻辑电路免受静电放电和噪声影响而必须采取的措施。3.10 节讨论常见的辅助器件，如 LED。3.11 节设计了一个简单的轴角编码器。

3.2　数字逻辑规范

　　数字逻辑电路最基本的规范是它的逻辑功能。在没有内部状态的组合电路逻辑中，函数被指定为布尔公式。状态转换图或寄存器传输可用于指定时序机。

　　然而，一个实用的数字逻辑电路必须符合其他规范。这些非功能性规范是本章的主要关注点。

　　时序是接口逻辑的一个关键参数，如果接口的逻辑不满足一定的时序参数，则可能产生不正确的功能结果。时序参数有如下两种形式：

- 从指定输入到指定输出的延迟。
- 从一个信号事件到另一个信号事件的相对时序。

　　通常使用如图 3.1 所示的时序图来指定总线操作。时序图中的信号可以用绝对值表示，也可以用稳定 / 变化区域表示。

　　时序图中的箭头指定了时序约束，即一个事件必须先于另一个事件发生。如果事件标有时间值，则第二个事件必须在至少第一个事件之后的那段时间内发生。我们将在3.6 节研究寄存器的一些重要时序参数。

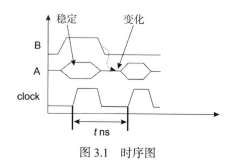

图 3.1   时序图

逻辑信号电平也与逻辑的正常运行有关。一些逻辑系列定义了和电压相关的信号要求，另一些则定义和电流相关的信号要求。如果逻辑门的输入不满足所需的信号电平，则该门将不会产生正确的逻辑输出信号。我们将在 3.3 节研究逻辑信号电平。

功耗通常指定为最大值。逻辑必须存在于电源的可用功率内。

3.3   CMOS 逻辑电路

逻辑系列是一种电路技术，可用于创建多种不同类型的门：反相器、与非门、或非门等。目前大多数逻辑都是由基于 MOSFET 的 CMOS 逻辑构成。

图 3.2 显示了两种类型的 CMOS 晶体管。CMOS 晶体管是 MOSFET 管，C 代表互补。两种晶体管提供相反的极性：当施加栅极电压时，源极和漏极之间有电流流动。n 型晶体管的栅电压为正时导电，p 型晶体管的栅电压为负时导电。这两种器件都称为增强模式，因为电流随栅极电压的增大而增大。耗尽型晶体管的栅电压越高，其传导的电流就越小。某些逻辑系列使用耗尽型晶体管，但标准的 CMOS 只使用增强型器件。栅极端子是电容性的，具有很高的输入阻抗。

图 3.2   CMOS 晶体管

图 3.3 中的特性曲线显示了不同栅极衬底电压下漏极电流与漏源电压的函数关系。

在每个栅极电压下，低于阈值电压时没有电流流动。当栅极电压超过阈值时，漏极电流在线性区域增加，直至在饱和区域达到峰值。我们将在第 4 章中更详细地研究 MOSFET 的特性。

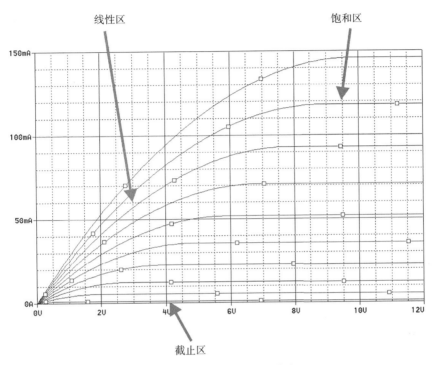

图 3.3　nMOS 晶体管的特性曲线

逻辑门是放大器，但却是高度非线性的。我们将在第 4 章讨论线性放大器，使用它来放大信号，同时保留信号的细节。逻辑门的设计利用了非线性特性，提供了可靠的数字值。

图 3.4 显示了由一个 n 型（下拉 M_2）和一个 p 型（上拉 M_1）晶体管构成的 CMOS 反相器原理图。原理图中还显示了一个电容器连接到输出作为负载。输入端与两个晶体管的栅极相连（不幸的是，我们使用 gate 来表示逻辑门和晶体管栅极）。每个晶体管的源极都连接到电源端子，n 型连接 V_{SS}，p 型连接 V_{DD}。栅极电压是相对于该电源电平测量的。当对输入端施加高电压时，M_2 导通（V_{gs} 高），M_1 截止（V_{gs} 低），因此，M_2 对负载电容器放电。如果对输入施加低电压，则 M_2 截止，M_1 导通，给负载电容充电。

基于对这些逻辑系列如何工作的基本理解，我们可以建立每个逻辑系列都失败的一个场景。CMOS 对扇出很敏感，扇出即连接到驱动门输出端的门的数量。图 3.5 显示了一个非门，其输出连接到其他三个门，这种连接有时被称为扇出树。由于成员的不同操作特性，它们失败的机制是不同的。扇入是连接到给定门输入端的门的数目，一些逻辑系列也对扇入约束敏感。

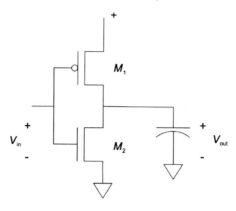

图 3.4　CMOS 反相器

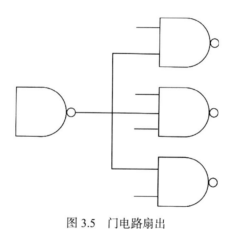

图 3.5　门电路扇出

　　电容是扇出问题的根源。实际上，负载电容是构成下一个逻辑门晶体管的门电容。随着扇出的增加，容性负载增加。如图 3.6 所示，我们可以用一个电流源作驱动门输出以及一个电容作负载来模拟这种情况。驱动门的一个晶体管是导通的，并在其饱和区工作。

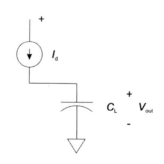

图 3.6　CMOS 逻辑电路的扇出模型

负载门的输入电容是并联的，所以可以把它们相加得到总负载电容。该电容的电压等于每个扇出门的输入电压，所有扇出门的输入电压相同。电压波形是一个简单的斜坡，直到它达到电源电压，此时驱动晶体管截止。斜坡的斜率取决于负载电容和驱动电流的比值：

$$V_{out} = I_d C_{out} t, \quad V_{out} \leq V_{DD} \tag{3.1}$$

输出电流由逻辑系列决定。随着负载电容的增大，斜率减小，电压达到最终值所需的时间增加。接口有时序需求——从输入更改到输出更改的最大延迟。如果电压波形的斜率足够小，逻辑就不能满足时序要求。

鉴于这些电气规范对实现逻辑门正确功能重要性的说明，我们现在可以看看规格本身。大多数逻辑系列用电压表示逻辑值，也有一些逻辑系列使用电流来表示逻辑值。我们常用高电压表示逻辑 1，用低电压表示逻辑 0，实际上，可以使用一系列电压来表示逻辑值。接受一定范围的信号值可以保护逻辑功能不受噪声干扰，这在实际电路中是不可避免的。

中间值表示无效的逻辑值，通常将其称为 X。在有效逻辑 0 和逻辑 1 电平之间留一个间隙也有助于提升噪声抗扰度。如果两者之间没有 X 值，少量逻辑将翻转逻辑值。如果噪声将一个有效的逻辑值推到 X 范围内，我们至少可以检测到该值是无效的。

每个组件的数据表是设计的关键部分，如果没有数据表，就不知道组件的特性。一个逻辑门或逻辑系列的数据表规定了输入和输出信号的特性：对于输入信号，所要求的电压和电流信号产生有效的逻辑值；对于输出信号，保证输出产生的信号。

图 3.7 说明了一个门驱动另一个门时逻辑电平之间的关系。表示逻辑 0 的最高电压为 V_{OL}；表示逻辑 0 的最低输入电压为 V_{IL}。如果 $V_{IL}<V_{OL}$，输出门产生的任何有效逻辑 0 将被下一个门当作逻辑 0。同样，如果 $V_{OH}>V_{IH}$，可以确保输出门产生的任一逻辑 1 都将被输入门视为逻辑 1。高量程和低量程不必相同，输入和输出量程也不必相同。

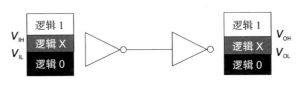

图 3.7　逻辑电平和逻辑门

图 3.8 显示了 CMOS 非门数据表中的一些规范。CMOS 逻辑可以在很宽的电压范围内工作。输入电压 V_{IL}、V_{IH} 和输出电流 I_{OL}、I_{OH} 都已指定。CMOS 输出电压渐近于电源电压，因此不需要指定它们在最坏情况下的电平。

如果混合了来自两个不同逻辑系列的逻辑，则需要仔细遵守输入和输出信号规范。

这些规范也限制了我们将逻辑门连接到非逻辑电路。例如，逻辑门可能无法提供足够的电流直接驱动扬声器。

V_{CC}	$3\text{V} \leqslant V_{CC} \leqslant 5.5\text{V}$
V_{IH}	$V_{CC} = 3\text{V}: V_{IH} = 2.1\text{V}$ $V_{CC} = 4.5\text{V}: V_{IH} = 3.15\text{V}$ $V_{CC} = 5.5\text{V}: V_{IH} = 3.85\text{V}$
V_{IL}	$V_{CC} = 3\text{V}: V_{IL} = 0.9\text{V}$ $V_{CC} = 4.5\text{V}: V_{IL} = 1.35\text{V}$ $V_{CC} = 5.5\text{V}: V_{IL} = 1.65\text{V}$
I_{OH}	$V_{CC} = 3\text{V}: I_{OH} = -4\text{mA}$ $V_{CC} = 4.5\text{V}: I_{OH} = -24\text{mA}$ $V_{CC} = 5.5\text{V}: I_{OH} = -24\text{mA}$
I_{OL}	$V_{CC} = 3\text{V}: I_{OH} = -4\text{mA}$ $V_{CC} = 4.5\text{V}: I_{OH} = -24\text{mA}$ $V_{CC} = 5.5\text{V}: I_{OH} = -24\text{mA}$

图 3.8　选定的 CMOS 逻辑门数据表条目 [62]

如果我们混合了在不同电源水平下工作的逻辑，则还需要注意信号电平。许多数字系统使用多个电源电压，用来权衡功耗和性能。由于有效逻辑 0 和 1 的电压范围取决于电源电压，因此改变电源电平会导致有效逻辑值的范围发生变化。如图 3.9 所示，如果我们将低电压供电下的一个门的输出连接到高电压供电下的另一门的输入，则第一个门产生的作为逻辑 1 的电压可能太低，无法被下一个门当作 1；相反，它可能被视为逻辑 X。

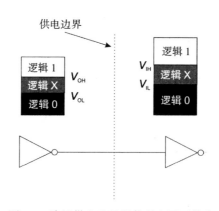

图 3.9　跨越供电边界的信号电平不兼容

3.4　高阻抗和漏极开路输出

一些逻辑门提供另一种输出形式，即高阻抗、高阻态或三态 ™。对于将逻辑门连接在一起形成总线，三种状态是很有用的。图 3.10 显示了连接到总线的两个三态门。每个门都有其数据输入和启动输入：如果启动端 =1，则门的输出与数据输入相反；如果启动

端 =0，则门的输出设置为高阻抗。我们通常把高阻抗输出值称为 Z。可以通过设置两个启动输入端的值来选择把哪个门的值写到总线上。当然，如果两个门都被启动，它们将建立电气连接，在数据值不同时，这会导致总线上出现一个错误的逻辑值，而且可能由于短路电流过大而损坏电路。

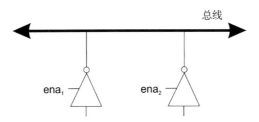

图 3.10　使用三态逻辑输出的公共连接

图 3.11 显示了具有三态输出的 CMOS 反相器。反相器的输出由 n 型晶体管 M_3 和 p 型晶体管 M_4 保护。当 ena=0（且 ena'=1）时，这两个晶体管都截止，同时使 M_1 和 M_2 失效。当 ena=1 且 ena'=0 时，两个晶体管都导通，上拉和下拉晶体管可以有效地决定正确的输出值。

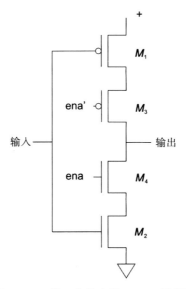

图 3.11　一种三态输出的 CMOS 反相器

有些逻辑系列不包括上拉装置或电阻。相反，总线或外部连线连接到如图 3.12 所示的上拉电阻 R_1。门内的下拉晶体管导通时将导致总线电压降低。如果没有门试图拉低总线电压，则上拉装置将使总线维持在高逻辑电平。这种电路的 MOS 版本称为**漏极开路**，因为晶体管的漏极连接是断开的。

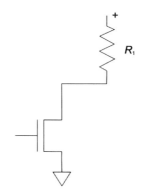

图 3.12   一种漏极开路总线电路

在 TTL 的情况下，这种配置称为集电极开路。由上拉电阻提供的最大电流不得大于一个门的最大电流和来自 n 个扇出门输入端的电流[58]：

$$R_L \geq \frac{V_{CC} - V_{OL,max}}{I_{OL} - nI_{IL}} \tag{3.2}$$

3.5   示例：漏极开路和高阻抗总线

总线是用于各种设备组合之间进行数据通信的公共连接，一次只能有一个设备写入总线，数据的目标可以是一个或多个设备。我们可以用两种不同的电路系列来设计具有不同特性的总线。

可以使用上拉电阻来构建总线，使设备的连接和断开变得容易。如果总线上使用的晶体管是双极性的，我们将总线称为集电极开路；如果晶体管是 MOSFET，则总线为漏极开路。漏极开路 / 集电极开路总线的一个典型例子是 I²C，我们在 2.3 节中讨论过。

图 3.13 显示了一个漏极开路总线电路。总线是连接到上拉电阻 R_{pu} 的导线。总线上的每个模块都有一个下拉晶体管 M_1、M_2 等。如果任何一个设备使其下拉晶体管导通，则总线电压被拉低。如果没有模块导通，由于有上拉电阻，总线将保持在高电压。如果两个模块导通其下拉晶体管，总线将继续正常工作。集电极开路和漏极开路总线是健壮的，因为它们对多个设备写入总线不敏感。然而，上拉晶体管会导致总线相对缓慢。

图 3.14 显示的是高阻抗总线。首先考虑总线只是一根没有上拉电阻的线。每个模块使用一个三态门连接到总线（我们在这里使用非门，但是总线逻辑的极性对其电路特性并不重要）。如果启用一个三态门，那么它将控制总线上的值。如果启用了两个三态门，并且它们输出相同的值，那么总线将继续运行。如果两个门输出相反的值，那么它们会相互争斗，至少导致总线上的逻辑值出现错误，还可能会损坏电路。如果没有启用三态

门，那么总线是浮动的，没有可靠的数字值。我们可以使用弱上拉电阻将总线保持在一个有效的逻辑值。上拉电阻用来提供足够小的电流，使得三态门可以克服该电流并决定总线值。

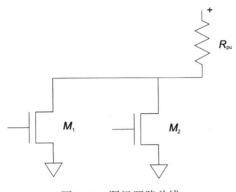

图 3.13　漏极开路总线

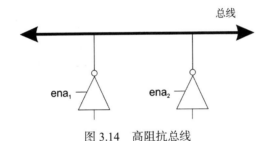

图 3.14　高阻抗总线

3.6　寄存器

我们用寄存器这个术语来表示用于本地存储位值的电路。

最简单的寄存器类型是 SR 锁存器，如图 3.15 所示。这个锁存器没有时钟输入。相反，它的内部值由置位端（S）和复位端（R）的输入值决定。SR 锁存器目前没有被广泛使用，因为它们可能无法可靠地捕获预期的值。

由一对或非门或与非门组成的 SR 锁存器尤其不可靠。线路寄生效应对锁存器的性能影响太大。

时钟寄存器更可靠：时钟输入决定何时读取数据输入值。D 寄存器，如图 3.15 所示，是这种寄存器的一种形式，也存在其他形式。时钟和内部状态之间的关系存在两种主要的变体。一种是电平敏感寄存器（又称锁存器），只要时钟信号被启用，就将数据输入读取到寄存器状态；一旦时钟信号被禁用，内部状态就遵循数据输入的最后一个状态。我们称这种形式的寄存器是透明的。另一种是边缘触发寄存器（又称触发器），它仅在时钟边缘周围的一个窄间隔内加载寄存器值。

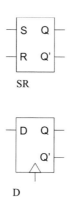

图 3.15   SR 寄存器和 D 寄存器的原理图符号

两种类型的寄存器都必须遵守两个时间约束——建立时间和保持时间。图 3.16 显示了正边缘触发情况下的时间要求。建立时间 t_s 是时钟边缘之前的时间，在此期间数据输入必须稳定。保持时间 t_h 是时钟边缘之后的时间，在此期间数据输入必须保持稳定。对于电平敏感寄存器，这些时间将在有效时钟结束时进行测量。如果数据信号不符合建立和保持时间，寄存器就可能存储错误的值。这些时间通常引用为建立 – 保持时间的组合。

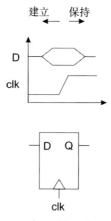

图 3.16   建立时间和保持时间

寄存器的性能由其从输入到输出的传输延迟给出：t_{PLH} 表示低到高的转换，t_{PHL} 表示高到低的转换。

建立 – 保持时间是一个重要的设计约束，因为所有的寄存器都会受到亚稳态的影响。如果数据值随时间变化，那么寄存器可能存储一个中间的 X 状态。如图 3.17 所示，寄存器最终将稳定为有效的逻辑值，但这样做的时间是随机的，可能非常长。当它最终稳定时，有可能稳定在错误的值。这种现象常被比作一个在山顶上静止的球，它可以在被风吹到山的一边或另一边之前，在山顶停留很长一段时间。我们不能消除亚稳态，只能将它最小化。当寄存器连接两个按不同时钟工作的区域时，亚稳态是一个特别需要关注的问题。在这种情况下，部分输入将不可避免地陷入亚稳态。

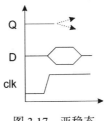

图 3.17　亚稳态

我们根据稳定时间 S 计算亚稳态输出的概率。寄存器具有时间常数 τ 和建立 / 保持时间 t_{SH}。我们还需要知道时钟周期。在稳定时间结束时发生亚稳态输出故障的概率为

$$P_F = \frac{t_{SH}}{T} e^{-S/\tau} \tag{3.3}$$

图 3.18 所示的两级寄存器结构通常用于最小化亚稳态的影响。逻辑设计中必须考虑延迟的额外时钟周期。两级寄存器给信号额外的时间以进行稳定。信号可能会稳定在错误的值，并且第二个寄存器仍有可能以 X 结束。有时使用三级寄存器可进一步减少保存亚稳态值的机会。

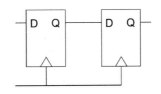

图 3.18　两级寄存器降低亚稳态

3.7　可编程逻辑

我们经常需要设计黏合逻辑来执行接口中的基本操作。虽然小规模集成电路（SSI）在某些情况下可能有用，但能够实现更多逻辑的芯片通常是有用的。复杂可编程逻辑器件（CPLD）则可实现更多的逻辑功能。

现场可编程门阵列（FPGA）可以实现不同深度的多级逻辑功能。FPGA 中的两个

基本元件是可编程逻辑和可编程互连。可编程逻辑单元可配置为表示给定的逻辑函数。通常一个单元对它可以处理的输入数量有限制，但可以计算该输入范围内的任意逻辑函数。可编程逻辑单元还包括存储数值的寄存器。可编程互连可配置成从一个逻辑单元的输出连接到另一个逻辑单元的输入。配置 FPGA 的最常见方法是使用静态 RAM（SRAM）。由于 SRAM 在掉电时会丢失其值，因此必须在每次通电时配置 FPGA。将配置文件加载到 FPGA 中，以设置逻辑单元的配置和互连，专用存储器自动将配置加载到 FPGA 中。我们通常将配置过程称为编程，但这个过程与计算机编程非常不同——FPGA 不获取指令，也不执行指令。

我们使用计算机辅助设计（CAD）工具和硬件描述语言（HDL）创建一个配置文件。图 3.19 以 Verilog 语言展示了一个简单的 HDL 描述，VHDL 是另一种主要的硬件描述语言。CAD 工具首先优化逻辑设计，然后确定在逻辑单元中放置函数的位置，以及如何在逻辑单元之间进行连接，其结果就是一个配置文件。

```
always @(posedge clk_samp)
begin
  if (rst_clk_samp)
  begin
    speed_cnt     <= 16'h0000;
  end
  else
  begin
    if (speed_cnt != 16'h0000)
    begin
      speed_cnt <= speed_cnt - 1'b1;
    end
    else begin
      speed_cnt <= SPEED_DIV;
    end
  end // if rst_clk_samp
end // always
```

图 3.19　简单的 Verilog 描述语言

可编程逻辑需要可编程的 I/O 引脚。FPGA 和 CPLD 引脚可以配置为输入、输出或高阻抗，还可以配置引脚的其他方面。

一个常见的例子是电压摆率，即输出从 0 变为 1 或从 1 变为 0 的速度。快速信号需要较高的电压摆率，但不需要快速的信号时，可以使用较慢的速率来降低功耗和电磁干扰。

许多先进的 FPGA 被组织成一个片上系统（SoC）。除了可编程逻辑单元和互连结构之外，它们还提供嵌入式存储器、乘法器、一个或多个 CPU 以及专用 I/O 子系统（如以太网）。

3.8　CPU 接口结构

CPU 可以提供几种不同类型的逻辑结构中的任何一种作为 CPU 本身的接口。

通用 I/O（GPIO）是一组不限定于特定用途的引脚。GPIO 引脚通常可以配置为输入或输出。

一些微处理器向系统设计人员公开总线，要么是它们的主总线，要么是专门为 I/O 设计的总线。总线协议确定总线上每个设备所采取的操作。总线有一个启动操作的主机。默认情况下，CPU 作为主机。总线可以提供总线请求信号，以允许另一个设备临时成为总线主控。

总线要求不同的设备在不同的时间驱动某些信号，例如，CPU 和存储器可以在不同的时间将数据写入总线。高阻抗或公共的漏极 / 发射极电路常用于总线接口。

一个简单的例子如图 3.20 所示，它给出了总线读取操作的时序图（在描述 CPU 总线时，读 / 写方向与 CPU 相关）。总线主控器在 adrs 线上提供地址并使 adrs ena 有效，信号在 clk 上升沿之前有效。当设备就绪时，它使数据和数据就绪有效。在这个简单的协议中，数据在一个时钟周期内有效，还有一些协议，可能使用一个信号让 CPU 在捕获数据后再有效。

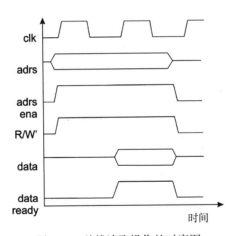

图 3.20　总线读取操作的时序图

图 3.21 显示了一个逻辑示意图，它提供了协议中设备的职责。接口被设计成等待从设备内部来的数据，该数据是由 avail 线发出的信号。cmp 块将 adrs 值与设备的值进行比较。有限状态机协议控制总线侧逻辑的操作。

图 3.22 显示了有限状态机协议的状态转换图。当 req 有效时，有限状态机等待来自设备其余部分的数据输入。当该数据准备就绪时，状态机使 data ready 线在一个时钟周期内有效，以向总线主控发送信号。

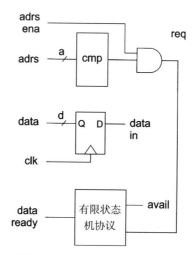

图 3.21   总线读取逻辑示意图

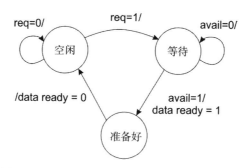

图 3.22   总线读取有限状态机协议的状态转换图

3.9   逻辑电路保护和噪声

逻辑电路需要外部和自身两种类型的保护：静电和电磁干扰（EMI）。

CMOS 逻辑电路对静电放电特别敏感。MOSFET 的栅氧化层必然很薄，静电放电产生的大电压会击穿 MOSFET，使电路失效。在操作电路时，我们应该用接地带把自己与地面连接起来。

任何电线上的电信号都会产生电磁场。电线也可作为天线，接收周围的电磁信号。我们需要采取措施将电路产生的电磁干扰及其对电路的影响降到最低。降低信号的电压摆率是一种将电磁干扰最小化的有效方法。屏蔽，即将电路置于金属盒中，既能防止产生的电磁干扰传输到环境中，又能保护电路免受外部电磁干扰源的影响。我们将在 4.10 节中更详细地讨论噪声。

电源是数字电路的重要噪声源。我们知道逻辑门电路模型取决于电源电压，违反供电要求必然会造成问题。可以在 V_{DD} 和 V_{SS} 电源连接之间放置去耦电容来降低电源噪声（通常称为电源纹波）。每个去耦电容器服务于一组特定的逻辑。如图 3.23 所示，可以将去耦电容放置在电路的多个点上。在许多情况下，我们在每个重要的集成电路上添加一个独立的去耦电容。去耦电容在电源上起到低通滤波器的作用；也可以将其视为电荷库，以便在逻辑电流消耗过高时短期使用。给定 n 个门的逻辑电流 nI_{max} 和 t_{max} 区间内的最大电源纹波 ΔV，所需的去耦电容为[74]：

$$C_{D} = nI_{max} \frac{t_{max}}{\Delta V} \tag{3.4}$$

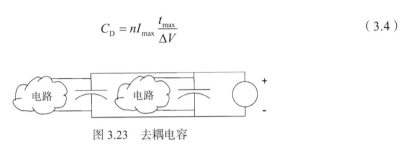

图 3.23　去耦电容

3.10　辅助器件和电路

发光二极管（LED）是一种常见的、非常有用的输出器件。LED 不仅可以作为终端用户的指示器，还可以在调试过程中用来指示信号状态。将 LED 连接到逻辑信号很简单，但需要注意一点。如图 3.24 所示，LED 与电阻串联，LED 允许电流从正极流向接地端，可以用逻辑信号作为 LED/ 电阻组件的正极来控制 LED，驱动逻辑门提供的电流决定了 LED 的亮度，电阻的作用是调节电流和提供电压降，LED 导通时压降为 0.7V，电源端子之间的剩余电压降作用在电阻上，我们根据所需的电压降和驱动门的电流来选择电阻的值：

$$V_R = V_{DD} - 0.7 \tag{3.5}$$

$$R = \frac{I_{out}}{V_R} \tag{3.6}$$

除非我们需要一个特别亮的 LED，否则可能想使用低于数据手册最大值的 I_{out}，以避免驱动门过度受力。

光耦隔离器把一个 LED 和一个光敏晶体管（在这种情况下，是一个双极性晶体管）结合在一起，以创建没有直接电气连接的逻辑信号路径。图 3.25 所示为光耦隔离器的原理图符号。其输出晶体管的基极用作光学探测器，输入 LED 的光决定了晶体管的发射极 – 集电极间的电流。光耦隔离器可用于为电路的不同部分提供独立的电源电路，将其中一个电路与另一个电路中的噪声隔离开。在 3.11 节中将看到，可以使用光耦隔离器作为检测器。

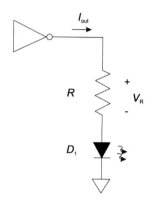

图 3.24   LED 电路

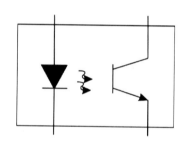

图 3.25   光耦隔离器的原理图符号

开关通常用于输入。我们在接口中必须考虑开关的机械特性。当开关闭合时,触点被推到一起形成连接,金属触点会反弹几次。如图 3.26 所示,开关将在短时间内多次打开和关闭,然后才会达到稳定的闭合值。我们不希望将这些事件都作为 1 和 0 的字符串发送到 CPU,相反,我们想要对开关去抖,即暂时将其强制设置为一个值,直到它稳定下来。当然,我们希望用户能够打开开关并关闭连接。由于开关抖动的时间范围很短,用户在重新打开开关时不会观察到任何延迟。我们可以用几种方法中的任何一种来去除开关抖动。可以在软件中使用 CPU 定时器来实现去抖,还可以使用图 3.27 所示的电路。当开关 S_1 打开时,R_1 对 C_1 充电,在输出端提供稳定的逻辑 1。当开关闭合时,C_1 通过 R_2 放电,使输出电压降低。我们可以很容易地在软件中管理开关与电平的对应关系(逻辑 1 表示打开开关)。

第三种选择是基于单触发集成电路的去抖。单触发电路,也称为单稳态多谐振荡器,通过在给定时间内将输出设置为高电平来响应输入的转换。在脉冲结束时,单触发的输出返回原始状态。脉冲的长度由电容决定。通过将原始开关信号与单触发脉冲进行或运算(或者是或非运算),可以平滑地去除开关的抖动。我们将在 5.10 节中更详细地讨论单触发。

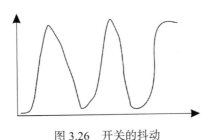

图 3.26　开关的抖动

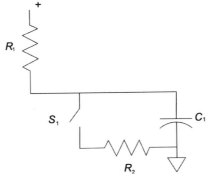

图 3.27　简单的去抖电路

霍尔效应传感器利用磁场和电流的相互作用来检测磁铁的位置。图 3.28 展示了霍尔效应传感器的原理图符号。S 磁场 H 对电流 I 施加力，该力使得电流 t 偏转，从而改变传感器上的电压。霍尔效应使得磁场中的电压产生线性变化，可以将其用于测量磁铁的精细位置，也可以用作非线性检测器。例如，霍尔效应传感器通常用于检测车门是打开的还是关闭的：在车门上放置永久磁铁，而后将传感器主体放置在车的门框内。传感器读数指示磁铁是否靠近传感器，靠近代表车门关闭，或磁铁是否远离传感器，远离代表车门打开。霍尔效应传感器也用于无刷直流电机中以检测电机轴的位置。

图 3.28　霍尔效应传感器的原理图符号

3.11　示例：轴角编码器

我们经常需要检测轴的运动：设备上的旋钮使轴转动来控制设备的运行，伺服电机的位置需要转换为控制输入来确定。光电轴角编码器由于其优于机械或机电产品的特性——低成本、低噪声、低摩擦而得到广泛应用。

图 3.29 所示是一个简单的轴角编码器。在这种情况下轴由回形针制成，装有一个白色和黑色区域交替的目标。该目标位于光耦隔离器变体的中间，该变体称为光电探测器或反射式光电开关。该设备将其 LED 输出指向外部，并提供一个透镜来捕捉反射光。目标调节从 LED 反射到光电探测器的光。目标的白色和黑色区域根据轴的位置反射不同数量的光。光电探测器的输出产生一个信号，来指示目标何时从一个区域旋转到下一个区域。光学探测器的发射器和探测器有几种形式：互相平行、指向彼此。在这种情况下，以一个角度反射。这些不同的安排适合于不同的物理环境。

图 3.29　一种简单的轴角编码器装置

图 3.30 显示了目标的简单图案。黑白相间的区域允许探测器确定轴何时从一个区域移动到另一个区域。可以通过将目标分割成更窄的片来提高编码器的分辨率。然而，这种目标图案只给出了轴的相对位置。图 3.31 所示的图形在目标半径上进行 3 位位置编码（为清晰起见，插入了目标图形之间的白色间隔，并不必要）。可以用三个光电探测器来读取位置的三个位。这些位给我们提供了足够的信息来确定轴的转动方向和它在 45° 内的绝对位置。更多的轨迹和探测器使我们能够更精确地测量位置，也可以在固定位置添加一个带有基准标记的单独轨道以提供参考。此目标使用了标准二进制代码，格雷码可提供防止误读和差错的功能。

我们的设置使用 OPB703WZ 检测器 [72]。图 3.32 所示为探测器电路示意图及探测器引线的颜色。我们需要选择两个电阻的值：R_D 决定 LED 产生的光量；R_T 决定给定光量下光电探测器的输出电流。如果 LED 产生过多的光，则探测器的输出将始终处于打开状态；如果 LED 产生的光太少，则探测器就会一直处于关闭状态。这两个电阻值是相关的：R_D/R_T 决定了 LED 输出与光电探测器灵敏度之间的关系。数据手册对正确的电阻值提供了一些指导。

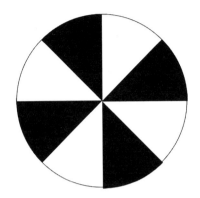

图 3.30　一种简单的轴角编码器图案

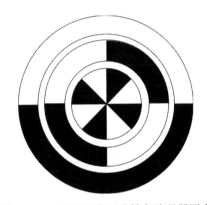

图 3.31　一种绝对位置式轴角编码器图案

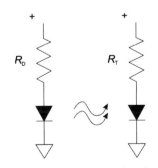

图 3.32　光电探测器电路示意图

- 在 V_D=1.7V 的正向电压下，LED 正向直流电流为 I_D=40mA。
- 发射极集电极电压为 5V 时，光电晶体管集电极直流电流为 3.5mA。

一旦选定了电源电压，会发现：

$$R_{\mathrm{D}} = \frac{V_{\mathrm{DD}} - V_{\mathrm{D}}}{I_{\mathrm{D}}} \tag{3.7}$$

在输出端，需要检查两个条件：光电探测器产生的逻辑 0 输出值与下一级逻辑兼容；光电探测器产生的通电电流足以驱动下一级逻辑。

延伸阅读

Wakerly[73] 对逻辑设计进行了全面的介绍。

问题

3.1 在电源电压为 5V 时，CMOS 门的最大电流为 4mA。给定一个电压为 0.7V 的 LED，如果想要抽取最大允许电流的一半来点亮 LED，应该使用多大的电阻值？

3.2 LED 由反相器驱动以显示逻辑值。反相器可提供最大 2.5mA 的输出电流。电源电压为 3.3V，应使用多大电阻值来得到反相器最大额定值一半的通电电流？

3.3 LED 由一个 5kΩ 的串联电阻驱动。如果电源电压为 3.3V，那么二极管电流是多少？

3.4 什么条件可以控制漏极开路连接的上拉电阻值？

3.5 CMOS 门工作在 V_{CC}=3.3V，V_{IH}=3.15V，V_{IL}=1.35V，在输入电容为 15pF 时，进行从 1 到 0 的转换，必须提供多大驱动电流才能实现 10ns 的延迟？

3.6 CMOS 门的上升输入遵循时间常数 τ=3ns 的指数曲线。CMOS 门工作在 3.3V 的电源下。如果逻辑电平 V_{IH}=3.15V，V_{IL}=1.35V，则在未知区域门电路的输入时间有多长？

3.7 CMOS 逻辑系列的输入电容为 15pF，输出电流为 20 mA。它工作在 3.3V 的电源电压下。最大扇出电压为多少才能确保转换时间小于 15ns？

3.8 绘制 D 寄存器的操作时序图。时序图应包括 20ns 的建立时间和 7 ns 的保持时间。

3.9 寄存器的时间常数 τ=3ns，建立 / 保持时间 t_{SH}=27ns，输入时钟周期为 50ns，必须给多长时间才能稳定以确保亚稳态概率低于 10^{-20}？

3.10 CMOS 逻辑系列在电源电压为 3V 的情况下，输出电流为 10mA。给定一个有 20 个门的逻辑块，需要多大的去耦电容才能保证最大电源在 5ns 时间以上下降 10%？

3.11 设计一种修改过的总线接口形式，允许可变的寄存器读取时序。

1）修改时序图，使用 data ack 信号确认 CPU 读取。

2）为 FSM 有限状态机绘制状态转移图。

放 大 器

4.1 简介

放大器是我们对信号进行的最简单的转换，我们把一个小信号转换成一个更大、更强大的信号。但这个简单的任务涉及许多细节技术。掌握放大技术本身是有用的，也是电路设计中的一个重要练习。

设计放大器需要我们更详细地了解晶体管。分立晶体管可以用来制造各种各样的放大器。图 4.1 显示了两种类型的封装：左边是 TO-220，右边是 TO-92。我们还将用运算放大器的形式研究集成放大器。

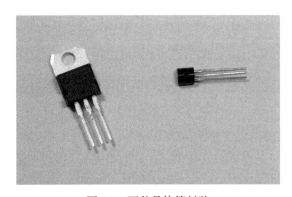

图 4.1　两种晶体管封装

4.2 节介绍放大器的基本规范。4.3 节讨论了电路的分析方法。4.4 节为 MOSFET 开发电路模型。4.5 节介绍了放大器拓扑结构。4.6 节为低阻抗负载设计了放大器。4.7 节简要介绍了功率放大器的概念。4.8 节中将集成放大器作为有用的组件。4.9 节介绍了运算放大器，这是一种通用部件。4.10 节考虑了噪声、干扰和串音。4.11 节介绍了麦克风放大器的设计。

4.2 放大器规范

我们使用放大器是因为它们提供增益，由变量 A 表示。我们可以探讨功率、电压或电流增益，这取决于我们更喜欢用何种方式研究信号。放大器设计中最常用的形式是电压增益：

$$A_V = \frac{V_{\text{out}}}{V_{\text{in}}} \tag{4.1}$$

增益负值表示输出与输入相差 180°：输入高时，输出低；输入低时，输出高。许多放大器拓扑会产生反向输出，并以负增益为特征。

我们特别关注放大器能够驱动的负载阻抗。放大器的输入特性也很有趣。

由于构成放大器的器件和电路都不是理想状态的，因此我们也有兴趣说明理想状态的容许变化范围。当将放大器的输出与已知的输入（如正弦波）进行比较时，我们测量它的失真。有些形式的失真是线性的，它们会产生谐波失真。当在放大器的输入端增加基波频率的正弦信号 P_F 时，谐波失真表现为一组谐波信号 $P_{H,i}$。我们可以将总谐波失真（THD）定义为

$$\text{THD} = \frac{\sum_i^{P_{H,i}}}{P_F} \tag{4.2}$$

非谐波失真称为互调失真（IM）。当在放大器的输入端增加两个干扰的正弦波时，会产生其他频率信号。如果输入信号的频率为 f_1、f_2，且 $f_2 > f_1$，则互调产品包括输入频率倍数的和与积：

$$mf_1 + nf_2, n, m = 1, 2, \cdots \tag{4.3}$$

谐波的阶数由 $m+n$ 给出。特别要注意靠近感兴趣频率的互调产物。我们通常单独测量不同的互调产物，并测量方均根互调电压与基波方均根电压之比。

非理想状态的另一个重要形式是噪声。我们根据信噪比（SNR）或放大器能产生的最大信号与它产生的噪声之间的比率指定放大器，此比率也称为动态范围。这些数值通常用分贝表示。我们将在 4.10 节中讨论噪声、干扰和串音。

4.3 电路分析方法

晶体管是非线性的有源元件，我们可以用它来构建线性电路。放大器本身非常有用，放大器设计也会让我们学习和实践广泛的电路分析和设计技术。

电路设计人员经常参照直流和交流分析。因为我们可以把任何信号分解成一个常数和一个变量的和，我们可以用这个分解来帮助我们理解电路。直流分析假定电路中没有信号变化。我们经常想把晶体管的一些端子放在一个给定的电压下，即偏置电压。该器件可能要求某些端子保持在规定的电压：双极性晶体管需要通过其基极 – 发射极结的电压来导通晶体管；MOSFET 要求其栅极电压高于阈值电压。我们还可能希望将一些端子

置于给定的电压下，以确保信号在发生变化时能够在整个范围内摆动。直流分析使我们能够确定晶体管的偏置电压和工作点。交流分析可以单独考虑变化信号的影响。我们通常使用大写字母表示直流变量（I_1，V_1），小写字母表示交流变量（i_2，v_2）。

电路设计还包括小信号分析和大信号分析。虽然晶体管是非线性器件，但我们可以在假设信号很小的情况下，在某些工作范围内用线性模型来近似代替。小信号模型为晶体管提供一个等效电路，在这种情况下，晶体管被视为一个线性元件。在小信号分析下，我们用小信号模型来代替器件，还用短路来代替直流电压源，用开路来代替直流电流源。我们通常使用小写字母作为小信号值，如 i_1、v_1。然而，小信号假设在某些电路中并不成立，功率放大器就是一个经典的例子。在这些情况下，我们使用大信号模型。通常，我们使用图形化的方法来求解晶体管在大信号假设下的特性：从晶体管的工作曲线开始，我们绘制额外的线来表示其他电路元件对晶体管运行所施加的约束。

本章我们将利用原理图捕获和仿真工具。电路模拟器，如 1.9 节所述，允许我们求解含有非线性元件的复杂电路的波形，它们还提供其他形式的分析，如噪声。与付费工具相比，免费版本的 CAD 工具功能有限，但仍然能提供有价值的功能。

4.4 MOSFET 晶体管模型

小信号和大信号模型都可以对 MOSFET 进行建模。对于每个模型，需要从我们想要使用的特定晶体管的给定参数中确定模型参数。数据手册可能直接提供所需的参数，也可能不直接提供，在这种情况下，需要从给定的值派生出模型参数。

我们将以 Fairchild BS170 n 型 MOSFET 为例[18]。图 4.2 给出了该晶体管的一些参数。

阈值电压 V_T	2.1V
漏源导通电阻 R_{ds}	1.2Ω
跨导 g_m	320mA/V
栅极电容 C_g	24pF
最大漏源电压	60V
最大持续电流	500mA

图 4.2 n 型 MOSFET BS170 的特性

4.4.1 小信号模型

图 4.3 和图 4.4 给出了 MOSFET 的两个小信号模型：π 模型采用希腊字母形式；t 模型采用 T 形电路拓扑。这两种模型是等价的，在任何给定的情况下，一种可能比另一

种更方便。菱形电流源代表一个受控源——电流取决于另一个电路变量。

晶体管的跨导 g_m 将输入电压与输出电流联系起来。在这个模型中，MOSFET 栅极的高电容会导致开路。电阻 r_0 模拟漏极和源极之间的电阻。在 t 模型中，栅极电流始终为零。

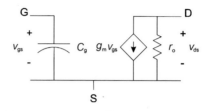

图 4.3　MOSFET 小信号模型——π 模型

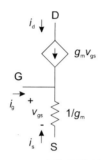

图 4.4　MOSFET 小信号模型——t 模型

4.4.2　大信号模型

正如在 3.3 节中看到的，MOSFET 有一个线性区，对应于低漏源电压，还有一个饱和区，对应于高 V_{DS}。当栅极电压低于器件的阈值电压时，它也有一个截止区，但在特性曲线中没有直接表示出来。

$$截止区：I_D = 0, V_{GS} < V_t \qquad （4.4）$$

$$线性区：I_D = k'\frac{W}{L}\left[(V_{GS} - V_t)V_{DS} - V_{DS}^2\right], V_{DS} < V_{GS} - V_t \qquad （4.5）$$

$$饱和区：I_D = \frac{1}{2}k'\frac{W}{L}(V_{GS} - V_t)^2, V_{DS} \geq V_{GS} - V_t \qquad （4.6）$$

大信号模型[57] 反映了这三种工作模式。图 4.5 为 MOSFET 饱和模式下的一个简单的大信号模型。栅极电容上的电压控制漏源电流源。

V_t 是阈值电压，低于该阈值，MOSFET 漏源区不导电。k' 是一个依赖于器件物理特性的参数。W/L 给出了 MOSFET 沟道的宽长比，该宽长比与电流大小成比例，该参数对决定晶体管尺寸的集成电路设计人员更有意义。当使用分立的 MOSFET 时，我们通常会得到给定栅极电压的漏电流。

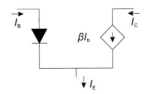

图 4.5　一种用于 MOSFET 饱和工作模式的大信号模型

　　为了在 PSpice 中正确模拟该晶体管，我们需要使用如图 4.6 所示的模型编辑器设置 MOSFET 模型参数。PSpice 模型用于集成电路设计，其中已知晶体管沟道的宽度和长度。在本例中，将晶体管的宽度和长度设置为 1。我们估算 $k'=2I_{D,max}/(V_{DS,max}-V_t)=152ms$。

图 4.6　BS170 n 型 MOSFET 的 PSpice 模型

　　可以追踪 MOSFET 的特性曲线，图 4.7 所示为设置过程。在这种情况下，栅极由电压源驱动。我们同时扫描漏源电压和栅极电压，结果如图 4.8 所示。这些曲线清楚地显示了晶体管的线性工作区和饱和工作区。

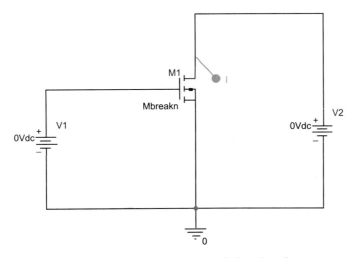

图 4.7　一种用于 MOSFET 的曲线跟踪电路

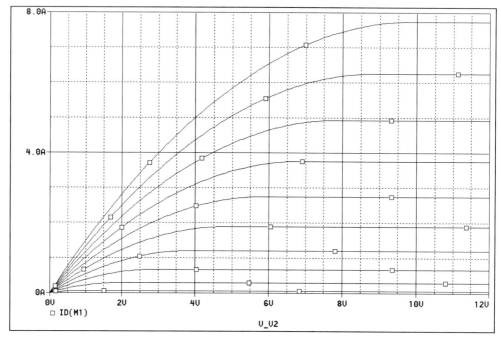

图 4.8　MOSFET 的模拟曲线跟踪

4.5　MOSFET 放大器拓扑

我们可以将 MOSFET 集成到具有几种不同拓扑结构的放大器中，但也各有其优缺点。

4.5.1　共源放大器

图 4.9 显示了一个共源放大器。这种拓扑结构提供了良好的电压增益。MOSFET 高的栅极阻抗使这种拓扑结构具有高输入阻抗。

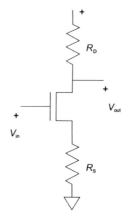

图 4.9　一个共源放大器

我们可以使用交流分析和图 4.10 中的 MOSFET 小信号模型分析共源放大器的电压增益。交流分析中输入端子和电源短路，模型电路如图 4.10 所示。如果 $r_0 \gg R_D$，输出电压为 $V_{ds} = g_m V_{gs} R_d$，输入电压为 $V_{gs} = (g_m + 1) V_{gs} R_s$。当把这些项代入电压增益的定义时，我们发现

$$A_v = \frac{g_m V_{gs} R_D}{(g_m + 1) V_{gs} R_S} \approx \frac{R_D}{R_S} \tag{4.7}$$

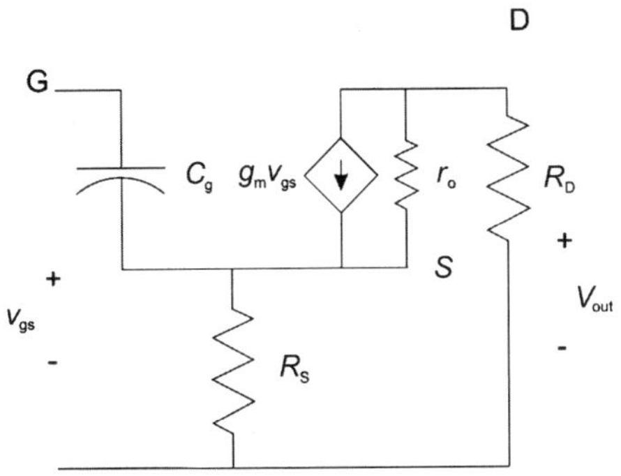

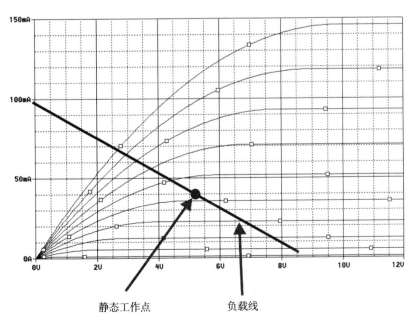

图 4.10　共源放大器增益的小信号模型

大信号分析从电路的负载线开始——负载线描述了在一定范围内漏源电压下的漏源电流。如图 4.11 所示，这种情况下，负载线由一端的 V_{DD} 和另一端的 V_{DD}/R_L 定义。当输入为零时，我们选择一个静态工作点或 Q 点表示 V_{DS}，Q 点通常位于负载线工作区域的中间。

图 4.11　放大器的负载线绘制

4.5.2 共漏放大器

图 4.12 所示为共漏放大器／源极跟随器结构。这种拓扑提供单位电压增益和相对较高的输出阻抗，使其有助于驱动低阻抗负载。MOSFET 的栅极阻抗再次确保了高输入阻抗。

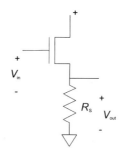

图 4.12 共漏放大器／源极跟随器

4.5.3 共栅放大器

图 4.13 所示为共栅放大器结构。这种结构提供单位电流增益和良好的电压增益。因为栅极不是输入端，所以它的输入阻抗很低。它提供一个高输出阻抗，使其有助于驱动低阻抗负载。

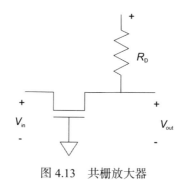

图 4.13 共栅放大器

4.5.4 共源共栅放大器

也可以使用 MOSFET 设计一个共源共栅放大器，如图 4.14 所示。将 M_1 配置为共发射极，M_2 用作发射极跟随器。输入信号接 M_2 的栅极。

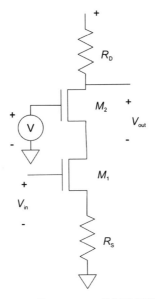

图 4.14　一种 MOSFET 共源共栅放大器

4.5.5　差分放大器

图 4.15 所示为差分放大器。这种拓扑结构被广泛用于比较两个信号并放大它们之间的差异。由 M_1、M_2 定义的两支路的电流通过电流源相互关联，通过两支路的电流之和为常数。输入电压 V_+、V_- 的差导致输出电压 V_1、V_2 的差放大。

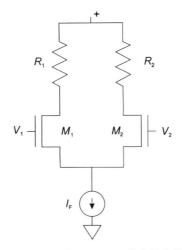

图 4.15　一种 MOSFET 差分放大器

4.5.6　电流源

与许多其他电路一样，差动放大器利用电流源。理想电流源产生与负载无关的已知电流。可以构建实际的电流源，对理想电流源具有不同程度的逼真度，每个电流源都有各自的优缺点。

图 4.16 所示为基本电流源电路。分压器为控制漏源电流的 MOSFET 提供栅极电压。该电路适用于简单的应用，但容易出现以下几个问题：电源电压的变化会引起输出电流的变化；温度的变化会引起晶体管增益的变化，从而导致输出电流的变化；不准确的电阻值将导致不可预料的输出电流。

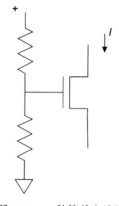

图 4.16   一种简单电流源

电流镜用于将输入电流复制到输出电流，同时将输入与输出隔离。电流镜采用低输入阻抗设计，以尽量减少输入电压变化；通过提供高输出阻抗，可以减少负载引起的变化。人们设计了几种电流镜电路，其中一个例子是图 4.17 中的 Wildar 电流镜。精确的电流镜需要有匹配的晶体管，因此用分立晶体管制造电流镜可能会适得其反。利用集成电路的良好匹配特性设计几种集成电路电流镜是可行的。

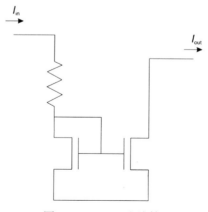

图 4.17   Widlar 电流镜

4.6 示例：驱动低阻抗负载

我们可以使用基本的放大器电路来建立一个两级放大器，用 MOSFET 驱动低阻抗负载。给定放大器的电路拓扑，根据不同的分析目的可以推导出几种模型。对于每级电路，建立一些大信号参数，然后使用这些值来确定元件值。

这个例子让我们有机会考虑一些实际问题。虽然可以计算组件的特定值，但无法获得具有这些精确值的组件。电阻器、电感器和电容器都有标准值。选择这些值是为了提供一个良好的值范围，并避免覆盖率方面的差距。然而，我们必须利用现有的值，这也是设计能够容忍变化的鲁棒电路的原因之一。

除了选择固定值，还必须考虑到被动元件的制造有一定的公差。例如，$47\ \mathrm{k\Omega}$ 电阻的公差为 $\pm 10\%$，其实际值可能从 $42.3\ \mathrm{k\Omega}\sim 51.7\ \mathrm{k\Omega}$。元件通常有几种不同的公差，越严格的公差，成本越高。元件值的匹配对于对称电路尤其重要。例如，差动放大器支路的两个电阻的差值对放大器性能的影响比它们的绝对值对放大器性能的影响更大，至少在合理的公差范围内是这样。即使输入电压相同，差分对的两个支路中不匹配的电阻也会导致支路中不同的电压和电流。

无源元件也有最大额定功率。元件不应在高于额定功率的功率级别上工作。一般来说，额定功率应该留有一定的空间。考虑到元件值和其他工作条件的变化，在接近额定功率级别工作的设备可能偶尔会超过该级别，造成可靠性问题。

4.6.1 放大器规范和拓扑

图 4.18 所示为放大器的 OrCAD 电路原理图，分为两级。第一级为共源结构，使用 M_1，第二级使用 M_2 作为源极跟随器 / 共漏放大器。

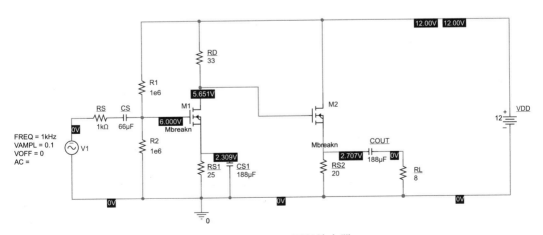

图 4.18 MOSFET 两级放大器

放大器的电源设计为 12V 左右。我们的规范包括电压增益 $A_v=-10$ 以及驱动 8Ω 负载的能力，这是大扬声器的典型阻抗（较小的扬声器通常有 4Ω 阻抗）。放大器的工作范围应在 $[f_L,f_H]=[100\text{Hz},20\text{kHz}]$ 的标准音频范围内。假设源阻抗为 $1\text{k}\Omega$，在大多数情况下，可以选择从输入开始一直到输出的元件值。我们将使用 4.4.1 节中的晶体管模型来仿真电路。

4.6.2　输入和第一级放大器

我们将在两级放大器中都使用 BS170 MOSFET[18]。它的最大电压是 60V，并且 $g_m=320\text{ ms}$，$k'=17\text{ ms}$，$V_T=2.1\text{V}$，$I_{D,SAT}=0.5\text{ A}$。

第一级将为放大器提供总的电压增益。考虑到我们使用第二级进行电流放大，可以自由选择最大漏电流，所以选择当 $V_{min}=2.3\text{V}$ 时，$I_{max}=0.4\text{A}$。图 4.19 显示了基于晶体管曲线、电源电压和所选漏电流的负载线。选择 $V_Q=7.25\text{V}$ 作为静态工作点，它在负载线工作区域的中点。

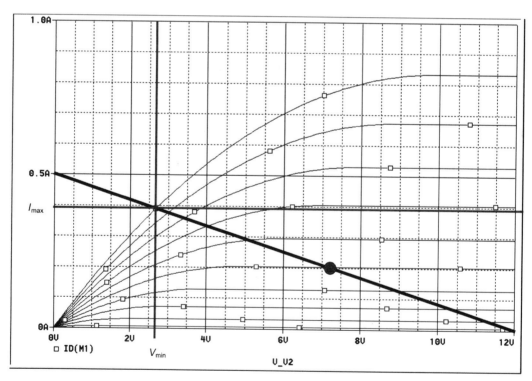

图 4.19　两级放大器的第一级负载线

我们使用电压增益和集电极电流来确定 R_D 和 R_{S1} 的值。在放大器的期望频率响应范围内，R_{S1} 被 C_{S1} 短路。可以通过将 MOSFET 小信号模型代入放大器的小信号模型来确

定 R_D 的值。如图 4.20 所示，在小信号模型中电源出现短路，因此 R_D 与 MOSFET 的内阻 r_o 并联。因为 $R_D \gg r_o$，可以将增益近似为

$$A_v = \frac{v_{ds}}{v_{gs}} \approx -g_m R_D \quad\quad (4.8)$$

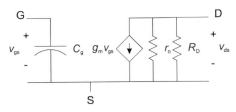

图 4.20　第一级增益的小信号模型

将值代入 A_v 和 g_m，发现 $R_F=33\,\Omega$。

选择 R_{S1} 在 MOSFET 的源极和地之间提供一个合理的电压，这个电压足够大以允许第一级的最大输出摆幅。如果允许在 $I_{D1max}=0.2\,A$ 的电流下有 $V_{1max}=5\,V$ 的最大摆幅，那么

$$R_{S1} = \frac{V_{1max}}{I_{D1max}} = 25\Omega \quad\quad (4.9)$$

电阻 R_1 和 R_2 是 M_1 的偏置网络。它们形成一个分压器来设置 M_1 的栅电压：它们的比值决定了偏置电压，而它们的和决定了通过偏置电路的电流。我们选择栅极偏置电压为 6V。由于 MOSFET 的高阻抗，我们可以自由选择偏置电阻值。一个好的方法是选择大的值，这会使得偏置网络中电流较小。我们选择 $R_1 = R_2 = 1M\Omega$。

我们还需要找到电源旁路电容 C_{S1} 的值。R_{S1}、C_{S1} 的并联组合应在放大器的工作频率范围内显示为短路。我们通过设置 C_s 的 $-3dB$ 点来实现，R_s 应处于 $f_L=100Hz$ 的频率。从 1.4 节我们知道 $-3dB$ 点发生在半功率点或 $1/\sqrt{2}$ 电压处。当阻抗等于容抗时，就会出现这种情况：

$$C_{S1} = \frac{1}{2\pi f_{LS} R_{S1}} \quad\quad (4.10)$$

我们还需要找到输入耦合电容 C_s 的值。该电容对晶体管偏压网络的输入端直流去耦，代入式（4.10），得出 $C_S=63\mu F$，我们将其四舍五入到 $C_S=66\mu F$。

图 4.21 所示为第一级的输出。测量的增益约为 5，低于目标增益值。初始的电压漂移是由电容充电引起的。

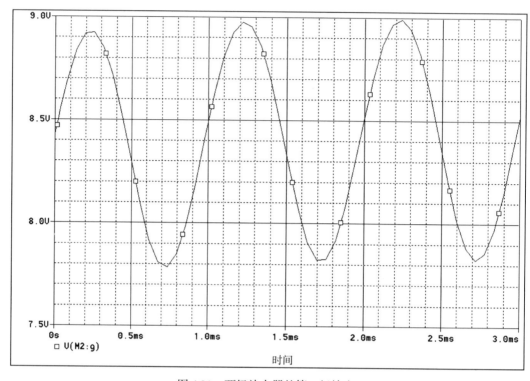

图 4.21   两级放大器的第一级输出

4.6.3   第二级放大器和输出

第二级放大器不需要偏压网络，因为第一级输出维持 M_2 的合理工作电压。这一级使用共漏极拓扑，也称源跟随器，在不增加电压增益的情况下为低阻抗输出提供强大的驱动力。这种拓扑结构意味着没有漏极电阻。

我们选择源电阻 R_{S2} 以确保最坏情况下的电压摆幅不会将 MOSFET 的源电压推至负电源：

$$R_{S2} = \frac{V_{DD} - V_{min}}{I_{Dmax} - I_{Lmax}} \qquad (4.11)$$

我们选择最小源电压 V_{min}=3 V，最大漏电流 I_{Dmax}=0.5 A。如果允许最大负载电流 I_{Lmax}=0.05 A，则发现 R_{S2}=20 Ω，近似为 R_{S2}=25 Ω。

在负载电阻为 8 Ω 的情况下，我们设置 C_2 的值以提供适当的滚降频率，得出 C_2=199μF，我们将其近似为 C_2=188μF。

图 4.22 所示为通过 R_L 测量的放大器第二级的输出波形。

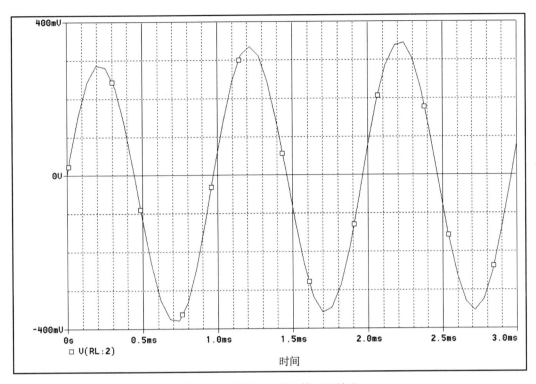

图 4.22   两级放大器的第二级输出

4.7   功率放大器

4.6 节中的放大器技术并不总是适用于大功率放大器的设计。我们通常不需要为计算机接口构建自己的功率放大器，但是一个简短的讨论有助于突出放大器设计的一些有趣的方面。

线性放大器能产生跟随低功率输入信号的高功率输出信号。通过以不同的方式对放大器进行偏置，可以创建具有不同特性的不同种类放大器。

A 类放大器偏置于其工作区域的中点，允许对称的输入信号摆动。第 4 部分的小信号模型放大器是为 A 类而设计。A 类放大器提供最小的失真，但功耗也是最高的。当输入电压为零时，A 类放大器产生较大的输出电流和功耗。

B 类放大器是偏置的，所以它只对一半的波形起作用。因为我们经常想放大输入波形的两侧，所以可以将两个 B 类驱动器连接成推挽式结构。一个驱动器向上拉以获得正输出，而另一个驱动器向下拉以获得负输出。当输入电压为零时，B 类放大器不会产生输出电流。降低功耗的折中办法是增加失真。我们可以通过偏压驱动器来构建 AB 类放大器，使每个驱动器对输入周期的一半以上起作用，从而在一定程度上减少失真。

C 类放大器只能对输入周期的不到一半的波形进行放大。

D 类放大器不是线性的。然而，D 并不代表数字。这些放大器使用脉冲宽度调制来调节提供给输出的功率[29]。输出滤波器将脉冲调制后的序列转换成所需的连续信号。D 类放大器具有极高的功率效率，它们可以在没有散热器的情况下工作，达到惊人的高输出功率水平。用于扬声器的 D 类放大器存在感性负载，与电机控制器共同存在一些设计问题，我们将在 8.13 节中更详细地讨论电机控制器。

热耗散是设计功率放大器的一个重要考虑因素。输入电路的大部分电能以热能的形式输出。如果元件变得太热，它们将会退化并最终失效。虽然所有元件都有发热的问题，但保护晶体管是最关键的。当晶体管内部达到最大结温 T_j =85℃时，器件的半导体结构就会被破坏。我们使用散热器来帮助晶体管散热。

可以用稳态模型来计算结温。每个元件都有一个热阻，用来描述热流。晶体管数据手册提供了从结点到外壳的热阻，在示例晶体管中，$R_{\theta JC}$=83.3°C/W[20]，散热器有自己的热阻 $R_{\theta HS}$。对于我们的简单模型，可以把这两个热阻看作串联的，就像电阻一样。热方程中的功率耗散类似于电路中的电流。放大器工作在环境温度下，这个环境类似于电路中的接地。在给定热阻和功耗的情况下，可以发现结温随着环境温度的升高而升高：

$$T_J = T_A + P(R_{\theta JC} + R_{\theta HS}) \qquad (4.12)$$

4.8 集成放大器

尽管设计和制造自己的晶体管放大器很有趣，但使用集成放大器通常更有意义。集成电路提供了更好的元件匹配和更低的寄生值，提高了放大器性能。集成放大器的体积也很小。

TPA6138A2[64] 设计用于驱动耳机，能为 32Ω 的负载提供 40mW 的功率。外部电阻用于设置放大器增益。它设有降低因插入耳机和拔出耳机而引起嘭啪声的电路。

LM380[40] 是一个 2.5 W 的音频功率放大器，它提供了 50（34dB）的固定增益，以降低电路的成本，音量控制可以由前置放大器提供给 LM380。

TPA6404-Q1[69] 专为汽车音响系统设计，它的核心是一个 50W 的 D 类放大器，使用 I²C 总线提供控制和诊断。一些放大器提供数字输入，例如，TAS6424L-Q1[68] 提供音频通道以及控制和诊断的 I²C 输入。

WM9801[13] 将 DAC 与放大器结合在一起。芯片提供 AB 类放大器和 D 类放大器两种模式。数字逻辑用于滤波、音量控制、参数均衡和动态范围控制。

LM386[70] 是一种广泛使用的低压音频功率放大器，可以在 4 ~ 12V 范围内的电源电压下工作，增益在 20 ~ 200 范围内。它的低电源电压和合理的增益使其在小型吉他放大器和便携式消费音频设备中得到广泛应用。

4.9 运算放大器

集成音频放大器是专为特定应用而设计的。相反，运算放大器（简称运放）被设计成一个通用部件，用于构建特定的电路。运算放大器在电路设计中有着广泛的用途。我们将在第 5 章更详细地介绍运放更复杂的用法，这里重点讨论它们作为放大器的用途。

运算放大器的原理符号如图 4.23 所示。它有 + 和 - 两个输入。一个输出值是由两个输入的差形成的。运算放大器需要电源，但通常会在插图中省略它们的电源连接。741 是一个经典的运算放大器，但其他设计提供了一系列的工作特性。

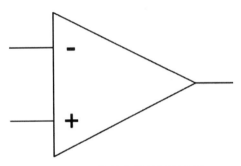

图 4.23　运算放大器的原理符号

理想的运算放大器有三个基本特性：

- 输入阻抗无穷大。
- 增益无穷大。
- 零输出阻抗。

实际的运放不能提供这些极佳的特性，但合理的电路可以在广泛的频率范围内提供非常好的近似值。典型的运放电路是由两个主要模块构成的：一个差分放大器用于比较两个输入电压；一个电压放大器为差分放大器的结果提供电压增益。运算放大器是放大小信号的主要元器件。虽然运算放大器通常不能提供大功率放大器所需的驱动能力，但它们可以用作输入级。许多功率放大器也使用与运算放大器类似的差分输入级。

一个没有反馈的运放会根据 $V_+ - V_-$ 的极性产生一个极端或另一个极端的输出电压。我们通常使用反馈电路来控制运放。

图 4.24 显示了由运放构建的线性放大器[41]。这是一个带电压增益的反相放大器：

$$A_V = -\frac{R_2}{R_1} \qquad\qquad (4.13)$$

例如，R_2=10 kΩ，R_1=1 kΩ，得出 A_v=10，这个公式很容易推导。由于输入端阻抗无穷大，没有电流流入，故：

$$\frac{V_{in}}{R_1} = -\frac{V_{out}}{R_2}$$ （4.14）

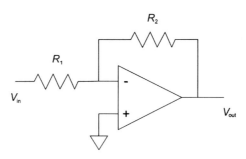

图 4.24   一种基于运放的反相线性放大器

可以重新排列这些项，得到式（4.13）的增益公式。

图 4.25 显示了放大器的非反相拓扑。在这种情况下，增益是

$$A_v = \frac{R_1 + R_2}{R_1}$$ （4.15）

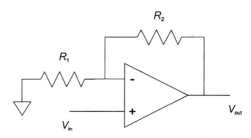

图 4.25   一种基于运放的非反相线性放大器

在非反相情况下，R_2=10kΩ，R_1=1kΩ，得出 A_v=11。

图 4.26 所示为用于产生两个输入之间差的运算放大器。当所有四个电阻值相同时，输出为 $V_B - V_A$。可以通过改变电阻的相对值来产生加权差。

实际运算放大器的非理想特性会在一定程度上影响电路设计[32]。最重要的是它的有限带宽。我们使用开环增益来评估带宽。虽然运放的增益很高（尽管有限），但是增益开始快速滚降：μA741 运放的 −3dB 点约为 5Hz[60]；其他运放可能在数百赫兹的频率处滚降。增益以 6dB/dec 的速度滚降。单位增益点是运算放大器增益为 1 的频率。例如，μA741 的单位增益频率约为 1MHz。当在闭环电路中使用运放时，我们希望确保在最大

要求频率下的闭环增益比运放在该频率下的开环增益大得多。一个好的经验法则是，运算放大器的开环带宽至少应为所需闭环带宽的 10 倍[32]。

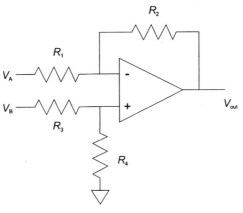

图 4.26　一种运放差分放大器

压摆率描述了运算放大器的大信号特性，也用于评估其他类型的放大器。压摆率定义为单位时间内输出电压变化的比值：

$$SR = \frac{\Delta_{max}}{\Delta t} \tag{4.16}$$

压摆率受放大器最大输出电流的限制。μA741 的压摆率为 0.5 V/μs。

运算放大器的噪声会限制其工作的动态范围。

共模抑制比（CMRR）测量运放对其两个输入端相同电压的响应。共模抑制比的大小等于共模输出电压与共模输入电压之比的倒数。

在任何反馈电路中，都需要考虑稳定性。运算放大器内部的寄生效应会产生不必要的反馈，从而导致不稳定。在某些情况下，可能需要增加补偿电容，以确保运算放大器的稳定性。

4.10　噪声、干扰和串扰

一般意义上的噪声指的是所有不需要的信号。噪声可能有许多不同的来源，包括用来制造电子系统的元件。

统计模型能帮助我们理解噪声。物理系统的噪声可以分为几种不同的模型。白噪声任意两个时刻是不相关的，因此它有一个平坦的功率谱，在所有频率的功率水平相同。我们常用高斯分布来模拟白噪声信号的振幅：

$$w(x) = \frac{1}{\sqrt{2\pi\sigma^2}} e^{-(x-\mu)^2/2\sigma^2} \tag{4.17}$$

式中，μ、σ 分别为均值和方差。电子的离散特性产生了散粒噪声。这种形式的噪声被建模为泊松分布。$1/f$ 噪声或粉红噪声在自然界中被广泛观察，但其物理基础却鲜为人知。顾名思义，它的功率谱密度与 $1/f$ 成正比。

热噪声是物理系统固有的。在电子系统中，导体中这种形式的噪声称为约翰逊噪声或约翰逊－奈奎斯特噪声。这种形式的噪声取决于元件的电阻，定义为带宽的功率谱密度每赫兹：

$$\overline{v_n^2} = 4kTR \tag{4.18}$$

式中 k 是玻尔兹曼常数，T 表示开尔文，为单位的温度值，R 是以欧姆为单位的电阻。由于该公式在无限带宽上产生无穷大的噪声功率，因此定义了电路中与感兴趣的带宽相关的噪声。

我们有时想制造噪声。例如，音乐合成器使用随机噪声作为合成器功能的输入来创建更自然的声音。可以用模拟或数字的方法产生噪声。在使用数字方法的情况下，经常使用具有确定性的伪随机算法，但是会创建出符合期望分布的输出序列。一种常用的方法是先生成一个均匀分布的序列，然后将序列塑造成期望的分布。

我们将使用"干扰"一词来表示来自感兴趣的电路之外的无用信号。干扰可能来自电路的另一部分或完全来自外部。设计人员不得不同时担心其他器件产生的干扰并处理这些干扰。根据它们的应用情况，有些电路可能需要联邦通信委员会（FCC）或其他监管机构的认证。

射频干扰（RFI）产生于数字电路和模拟电路。电子系统中的导线和电引线就像天线一样，既能发出由流经它们的信号引起的无线电信号，又能接收其他电子系统发出的信号。我们特别关注高频率的 RFI。天线接收信号的最佳长度与信号频率成反比，因此短线更适合发射和接收高频信号。数字信号容易发出 RFI，因为逻辑转换包含兆赫范围内的重要光谱成分。可以通过对数字信号进行整形来减少它们的上升／下降时间，从而降低 RFI。模拟电路也可以产生和接收 RFI。音频信号的频率较低，不太容易受到干扰，但其他类型的模拟电路可能在能够产生大量干扰的频带中工作。

我们可以通过增加屏蔽来减少发射和接收。金属盒提供射频屏蔽，但是，即使是盒上相对较小的间隙和孔也可能泄漏大量的 RFI。如果能够识别接收干扰信号的电路部分，就可以使用铁氧体磁珠作为射频扼流圈，以防止干扰信号进入电路的其他部分。

串扰是电路的一部分和另一部分之间的干扰。串扰通常是指寄生电容和寄生电感携带的信号。例如，平行导线之间的互电容可以为有效的串扰电流提供路径。可以使用对地电容来减少串扰的影响。接地是一种稳定的信号，对地的寄生电容可以克服寄生效应对其他信号的影响。我们经常在电路板上建造一个接地平面来帮助控制串扰。

4.11 示例：驻极体麦克风放大电路

驻极体麦克风[51]广泛用于接收音频信号。麦克风本身使用永久带电的电容极板，其中一个是柔性的。震动麦克风电容极板的声波引起电容板间距的变化，导致电容随声压水平的变化而变化。

典型的驻极体麦克风封装有晶体管以提供增益，如图4.27所示。晶体管设定为共源结构。然而，麦克风需要外部电源来提供有用的信号。

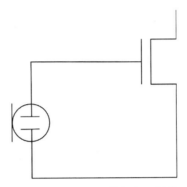

图 4.27　一种驻极体麦克风封装

图4.28所示为基于运算放大器的驻极体麦克风的简单放大器[12]。R_1提供麦克风封装体所需的偏置电流。C_1在直流下将运放输入与麦克风解耦。R_4，R_5形成一个分压器，为运算放大器提供参考电压。R_2提供整个运算放大器的反馈，其值决定了增益的大小。C_3在高频的情况下呈现短路，从而衰减了运算放大器的响应。C_3将运放与输出解耦，通过R_5放电以防止电荷积聚。

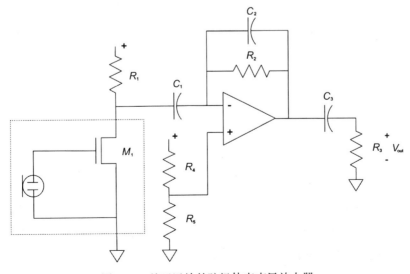

图 4.28　基于运放的驻极体麦克风放大器

要选择这些值，需要知道麦克风的电流，包括交流电流和直流电流。麦克风的数据手册通常引用单位为 dBV 的灵敏度值，或 1 帕斯卡气压下产生的电压。在给定用于进行灵敏度测量的阻抗情况下，由这个值可以得到麦克风产生的电流。

最大交流麦克风电流 I_{sp}——音频输入产生的电流——的典型值为数十微安。音频设备输入的最大输出电压的典型值约为 1.2 V。R_2 的值为

$$R_2 = \frac{V_{out}}{I_{sp}} \tag{4.19}$$

如数据手册所示，R_1 的值设置为向麦克风提供所需的直流偏置电流 I_{mic}。我们还需要了解麦克风的工作电压 V_{mic}：

$$R_1 = \frac{V_{CC} - V_{mic}}{I_S} \tag{4.20}$$

我们希望 R_4，R_5 形成的分压器在电源电压范围的中间产生一个输出，以在两个方向上提供同等大小的摆幅。因此，$R_4 = R_5$。这种分压器不需要消耗大量的电流，所以可以使用大值电阻。

可以采用类似于式（4.10）中的方法来选择 C_1 的值，所选角频率只能截断非常低的频率，例如 $f_c < 10$ Hz。

反馈电容 C_2 有助于稳定运放，并与 R_2 形成 RC 滤波器。我们希望这个滤波器在足够高的频率 f_p 处滚降，通过所需的音频频带。由于 R_2 和 C_2 是并联的，因此可以根据 R_2 和截止频率来确定 C_2：

$$C_2 = \frac{1}{2\pi f_p R_2} \tag{4.21}$$

耦合电容 C_3 设计为高截止频率 f_{HI} 以允许音频信号通过。它与 R_6 和负载阻抗 R_L 的并联组合构成 RC 滤波器：

$$C_3 = \frac{1}{2\pi (R_6 \parallel R_L) f_{HI}} \tag{4.22}$$

延伸阅读

The ARRL Handbook for Radio Communications[5] 是电路设计信息的概要；*The ARRL RFI Book* [24] 中详细讨论了射频干扰。*IC Op-Amp Cookbook*[32] 为运算放大器电路提供了全面的指南。佐治亚理工学院的 Marshall Leach 教授是模拟和音频系统设计方面备受推崇的专家，他的课程笔记和论文可以在 https://leachlegage.ece.gatech.edu 上找到。

问题

4.1 展示出这组 MOSFET 特性曲线的线性区域和饱和区域之间的边界。

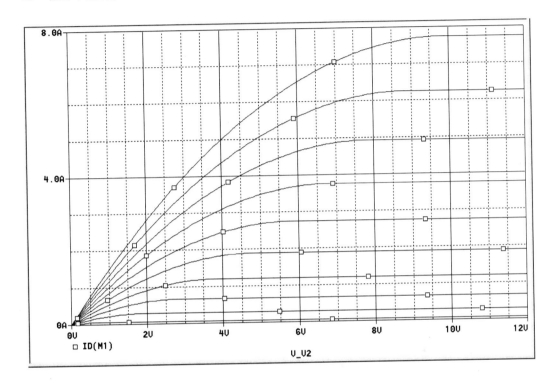

4.2 放大器输入端的电容 C 并联有 $100\,\Omega$ 的电阻。C 的值取为多少时会使得 RC 串联电路的 $-3\mathrm{dB}$ 截止频率 $f=20\mathrm{Hz}$？

4.3 绘制源跟随器放大器的 MOSFET 小信号模型——π 模型示意图。

4.4 MOSFET 的 $g_\mathrm{m}=300\ \mathrm{mA/V}$。当采用 $R_\mathrm{S}=1\mathrm{k}\Omega$，$R_\mathrm{D}=200\,\Omega$ 的共源结构时，求其小信号增益。

4.5 反相运算放大器的反馈电阻 $R_2=5000\,\Omega$。输入电阻 R_1 取什么值才能使得增益为 -10？

4.6 证明在 $R=R_1=R_2=R_3=R_4$ 时，运放差分放大器的输出与 $V_\mathrm{B}-V_\mathrm{A}$ 成正比。

第 5 章

Embedded System Interfacing: Design for the Internet-of-Things (IoT) and Cyber-Physical Systems (CPS)

滤波器、信号发生器和探测器

5.1 简介

电路依靠信号工作。我们使用电路来产生有用的信号、操纵这些信号，并运用它们有趣的特性。滤波器对信号执行线性函数，例如，允许我们选择信号的频率范围。检测器执行非线性操作。我们将探讨无源 R、L 和 C 元件、由运算放大器构成的有源电路以及数字方法。

5.2 节将介绍滤波器规范的基本形式。5.3 节介绍槽路及其性能。5.4 节讨论传递函数。5.5 节考虑滤波器规范与传递函数之间的关系。5.6 节介绍使用运算放大器的有源滤波器。5.7 节给出一个低音增强滤波器示例。5.8 节介绍过滤器的高级类型。5.9 节介绍数字滤波器结构。5.10 节考虑脉冲和定时电路。5.11 节介绍产生波形的方法。5.12 节设计一个数字任意波形发生器。5.13 节介绍一些有用的检测器。5.14 节使用比较器确定耳机插孔何时插入连接器。

5.2 滤波器规范

虽然我们可以指定和设计各种各样的过滤器，但实际使用的过滤器有四类：
- 低通滤波器通过低频并衰减高频。
- 高通滤波器通过高频并衰减低频。
- 带通滤波器通过中频并衰减低频和高频。
- 带阻滤波器衰减中频而通过低频和高频。

在每种情况下，我们都要指定两种类型的区域：
- 通带是滤波器通过信号的频带。
- 阻带是滤波器衰减信号的频带。

过渡带位于通带和阻带之间。我们没有明确指定过渡带，但对其特性进行了推断。

滤波器最基本的规范是滤波器规范图，它用来描述滤波器的振幅特性。如图 5.1 所示，这个例子显示了一个低通滤波器。y 轴代表损耗，大的值代表低的输出电平。图中的白色区域是过滤器响应的允许范围，灰色区域是禁止区域。通带由两个参数指定：

A_{max} 是通带衰减；ω_p 是通带的最大频率。同样，阻带由 A_{min} 和 ω_s 指定。在通带和阻带之间的区域是过渡带。

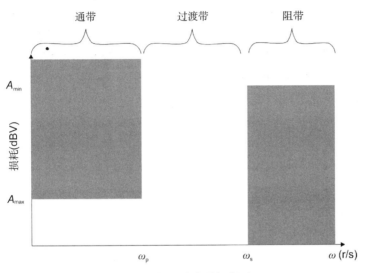

图 5.1　低通滤波器规范图

任何特定的滤波器都可以在这些轴上绘制成一条线，显示滤波器的损耗随频率响应的变化。如图 5.2 所示，任何落在白色区域的响应曲线均满足规范要求；响应曲线进入阴影区域的任何滤波器都不符合规范。

图 5.3 所示为高通滤波器示例图。在这种情况下，$\omega_s<\omega_p$。图 5.4 所示为带通滤波器示例图：通带频率范围为 $[\omega_1，\omega_2]$，下通带停止于 ω_3，上通带开始于 ω_4。图 5.5 所示为带阻滤波器示例图。

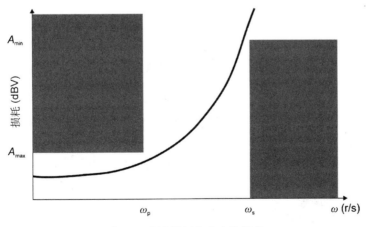

图 5.2　滤波器频率响应及规范

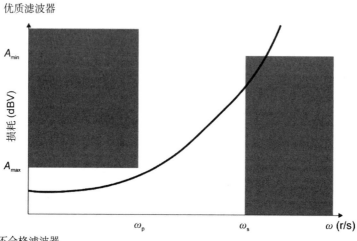

图 5.2 （续）

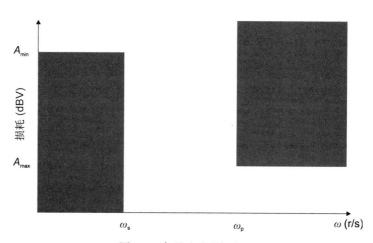

图 5.3　高通滤波器规范图

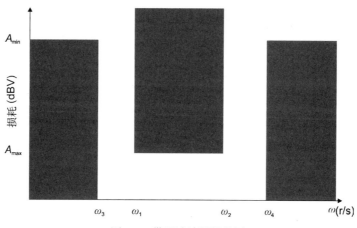

图 5.4　带通滤波器规范图

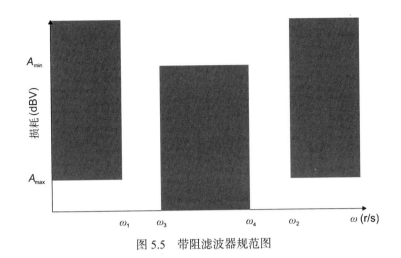

图 5.5　带阻滤波器规范图

　　音频应用的应用特性各不相同。高保真音频对应 20Hz ～ 20kHz 的带宽。语音质量的音频对应 20Hz ～ 4kHz 的频率范围。

　　我们可能还希望在阻带、通带或两者中指定滤波器的纹波。一些滤波器的结构导致了撕裂特性而不是平滑特性。有些应用对纹波不是特别敏感，但在某些情况下，我们可能希望指定最大纹波。

　　在某些情况下，还可以指定不同频率的相位延迟。音频应用通常对相位不太敏感，但是数字信号很容易由相位延迟导致失真。

5.3　RLC 槽路

　　RLC 振荡器是一种重要的无源电路，称为槽路。它本身不仅很有用，而且为我们提供了一些可以用来描述滤波器的特性。

　　图 5.6 显示了一个理想的槽路，它由一个电感和一个电容组成，不含电阻。图中显示了 LC 槽路的串联形式，我们也可以构建一个并联形式。例如，如果给电路提供能量，通过发送脉冲，电感和电容中的电压和电流就会振荡。因为电路没有电阻，不会消耗能量，所以槽路会永远振荡。

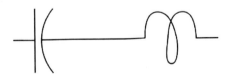

图 5.6　LC 串联槽路

　　槽路的正式名称是谐振电路。电路振荡的频率称为谐振频率。谐振频率（rad/s）为

$$\omega_{\mathrm{r}} = \frac{1}{\sqrt{LC}} \qquad (5.1)$$

LC 电路在其谐振频率下具有无穷大的阻抗，此时可以视为开路。

图 5.7 为 RLC 谐振电路的并联和串联版本。即使不在电路中添加分立电阻，电容和电感也有寄生电阻。电感特别容易产生寄生电阻，因为它们是由线圈构成的。

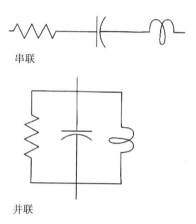

串联

并联

图 5.7 RLC 串联和并联谐振电路

图 5.8 显示了 RLC 并联电路中电感的电流和电压波形。电路的谐振频率为 ω_{r}=6282 r/s 或 f_{r}=1kHz。波形显示了谐振频率下的最大电流和低于或高于谐振频率下的较低电流值。

RLC 电路的电阻不会改变它的谐振频率，但会分散它的频率响应。这条曲线的宽度是衡量电路质量或品质因数 Q 的一个标准。RLC 串联电路的 Q 为

$$Q_{\mathrm{series}} = \frac{1}{R}\sqrt{\frac{L}{C}} \qquad (5.2)$$

RLC 并联电路的 Q 为

$$Q_{\mathrm{parallel}} = R\sqrt{\frac{C}{L}} \qquad (5.3)$$

如图 5.9 所示，高 Q 值电路带宽曲线较窄，而低 Q 值电路带宽曲线较宽。高 Q 值电路的频率选择性很强，而低 Q 值电路的频率选择性较差。如果把谐振电路看作带通滤波器，那么高 Q 值电路的通带就很窄。

谐振电路带宽 $\Delta\omega$ 是对频率响应宽度的更直接测量：

$$\Delta\omega = \frac{\omega_{\mathrm{r}}}{Q} \qquad (5.4)$$

如图 5.10 所示，$\Delta\omega$ 测量频率响应曲线上两个 $-3\mathrm{dB}$ 点之间的间隔。

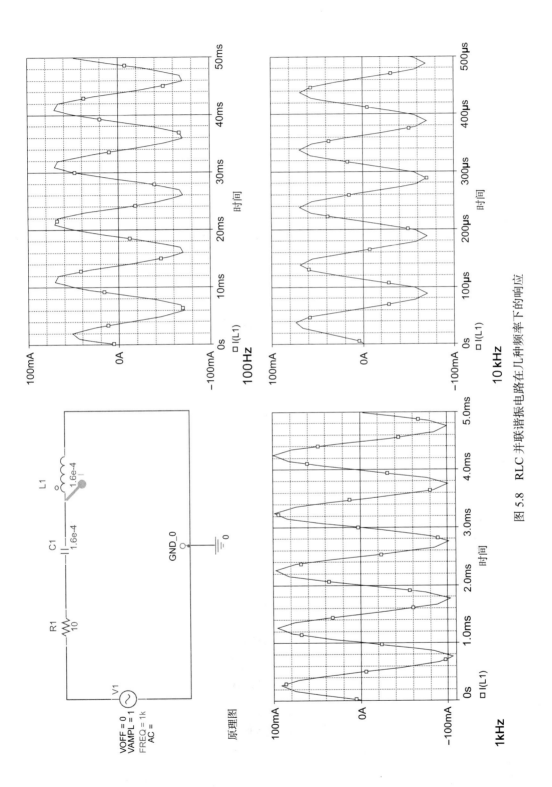

图 5.8　RLC 并联谐振电路在几种频率下的响应

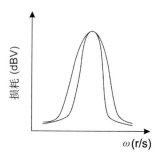

图 5.9 高 Q 值和低 Q 值的频率响应

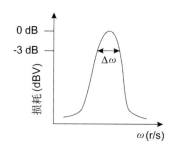

图 5.10 谐振电路带宽

5.4 传递函数

正如在第 1 章中看到的，传递函数是对滤波器特性的完整描述。我们在 s 域表述传递函数。根据输入和输出处的测量值，可以定义 4 种不同的传递函数：

- 电压 – 电压传递函数 $V_{out}(s)/V_{in}(s)$。
- 电流 – 电流传递函数 $I_{out}(s)/I_{in}(s)$。
- 跨阻抗传递函数 $V_{out}(s)/I_{in}(s)$。
- 跨导纳传递函数 $I_{out}(s)/V_{in}(s)$。

无论是从电压还是电流的角度来考虑，哪种传递函数最合适取决于连接到该电路上的源点和汇点的性质。传递函数是两个多项式的比值：

$$T(s) = \frac{a + bs + cs^2 + \cdots}{v + ws + xs^2 + \cdots} \tag{5.5}$$

可以把分子和分母多项式进行因式分解来重写传递函数：

$$T(s) = K \frac{(s - z_1)(s - z_2)(s - z_3)\cdots}{(s - p_1)(s - p_2)(s - p_3)\cdots} \tag{5.6}$$

这种形式显示了传递函数的重要结构。分子的根称为零点，因为 s 域频率等于其中一个根会导致传递函数为零。分母的根称为极点，因为传递函数在这些值处变得无穷大。

极点和零点的值决定了滤波器在频域中的形状。我们放置极点来创建通带，放置零点来创建阻带。

可以在复平面上绘制极点和零点，如图 5.11 所示。实轴上的极点或零点表示纯指数特性；虚轴上的极点和零点表示纯正弦特性；其他地方的极点和零点表示指数和正弦的乘积。虚极点在 $\pm j\omega$ 处对称成对出现。

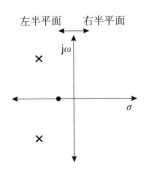

图 5.11   有极点和零点的复平面

我们要求极点在右半平面上，它们的实分量必须小于 0。如果它们的实分量大于 0，它们特性的指数部分将有一个正系数，这意味着函数随时间增长。右半平面的极点对应于负指数，在 $t \to \infty$ 时趋于零。我们对零点的位置没有限制，零点可以在左半平面上，也可以在右半平面上。

极点和零点与电路的物理特性有自然的关系。这种关系在梯形网络中特别容易看到，如图 5.12 所示。梯形网络是由 L 形级联的元素构成。可以很方便地将每个元素 i 看作由一个串联阻抗 Z_i 和一个并联导纳 Y_i 构成。如果阻抗在某个频率 ω_i 处取无穷大的值，那么没有电流流动，梯形网络在该频率处有一个零点。同样，如果导纳 Y_i 在某个频率处是无穷大的，它会使梯形短路，形成一个零点。相反，如果 Z_i 在某个频率处为 0，则它在该频率下形成一个极点；如果 Y_i 在某个频率处为 0，则它是一个形成极点的开路。

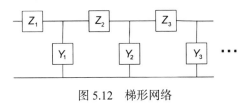

图 5.12   梯形网络

虽然可以以频率的函数形式创建传递函数的精确图（无论是幅值还是相位），但传递函数的简单近似值通常足以满足许多目的。1.4 节中介绍的伯德图方法告诉我们如何从传递函数中创建一个渐近线。伯德图的形式也为我们提供了描述传递函数的线索。

图 5.13 所示为传递函数

$$10\,\frac{1+\mathrm{j}\omega/10}{(1+\mathrm{j}\omega/100)(1+\mathrm{j}\omega/10000)} \tag{5.7}$$

的幅值和相位伯德图。

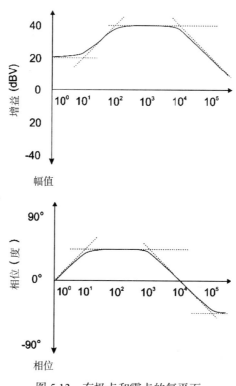

图 5.13　有极点和零点的复平面

可以直接由这个因式构造图的渐近线,它在 10 rad/s 时为零点,在 100 rad/s、10 000 rad/s 时为极点。初始项决定响应的大小。每一个极点或零点在伯德图中形成一条渐近线:零点在幅值和相位上形成一条上升线;极点在幅值和相位上都形成一条下降线。我们通过把极点和零点按频率的顺序排列并建立它们的渐近线来创建这个图。每个渐近线的斜率是 20dB/dec,即每增加十倍频程幅值下降 20dB,相频渐近线的斜率为 45° 每十倍频程。如果 n 个极点恰好在同一位置,则将这些值乘以 n。当构造从左到右的渐近线时,零点和极点改变了渐近线边界的斜率。

当将渐近线与精确的传递函数进行比较时,实际的幅值响应比两条渐近线交点处的值低 3dB。如果在给定的频率上有多个极点或零点,响应变化将乘以极点 / 零点的数量。给定拐角频率,可以快速找到这些点的频率响应。在此基础上,可以快速绘制出频率响应的更精确表示。在相位响应上,传递函数在极点 / 零点频率处经过渐近线。

对于一对谐振极点的情况，处理略有不同。例如，由二次型 s^2+as+b 所形成的这对复极点可以通过谐振电路来形成。如图 5.14 所示，幅值图在谐振频率处形成峰值

$$\omega_p = \sqrt{b} \tag{5.8}$$

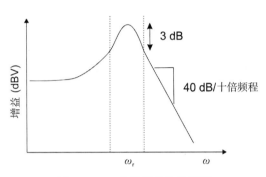

图 5.14　一对复极点的伯德图

由式（5.4）的谐振带宽频率可知，谐振响应的 -3dB 点与 Q 点有关，这些点位于

$$\omega_p\left(1\pm\frac{2}{Q_p}\right), Q_p = \frac{\sqrt{b}}{a} \tag{5.9}$$

图 5.15 显示了 s 平面上的谐振极点。它们在纵轴上的位置由它们的频率决定，频率较高的极点位于离原点较远的地方。它们在水平轴上与原点的距离与阻尼程度有关，较低的 Q 值对应于离原点较远的地方。

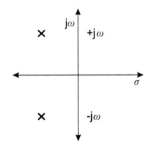

图 5.15　一对谐振复极点的 s 域图

5.5　从滤波器规范到传递函数

给定滤波器的通带和阻带规范，可以直接写出传递函数[17]。

我们将从四阶或双二阶形式的基本滤波器开始，给出传递函数的形式：

$$T(s) = K \frac{s^2 + cs + d}{s^2 + as + b} \tag{5.10}$$

可以根据过滤器规范参数在传递函数中重新生成：

$$T(s) = K \frac{s^2 + \dfrac{\omega_z}{Q_z} + \omega_z^2}{s^2 + \dfrac{\omega_p}{Q_p} + \omega_p^2} \tag{5.11}$$

$Q_p = \sqrt{b}/a$ 的定义见式（5.9）；Q_z 有类似的形式，为 $Q_z = \sqrt{d}/c$。

根据衰减要求，可能需要添加极点来提供过渡带更为陡峭的滤波器特性。

可以定制双四元公式来创建 4 种基本的滤波器类型：低通、高通、带通和带阻。

对于通带频率为 ω_p 的低通滤波器，可以将传递函数写成

$$T(s) = \frac{\omega_p^2}{s^2 + \dfrac{\omega_p}{Q_p} s + \omega_p^2} \tag{5.12}$$

高通传递函数的形式为

$$T(s) = \frac{s^2}{s^2 + \dfrac{\omega_p}{Q_p} s + \omega_p^2} \tag{5.13}$$

对于低通滤波器和高通滤波器，通带到阻带的幅值函数斜率为 40dB/dec。如果需要一个更陡峭的斜率来满足阻带衰减的要求，那么可以增加极点来增加斜率。

带通传递函数的形式为

$$T(s) = \frac{\dfrac{\omega_p}{Q_p} s}{s^2 + \dfrac{\omega_p}{Q_p} s + \omega_p^2} \tag{5.14}$$

带阻传递函数的形式为

$$T(s) = \frac{s^2 + \omega_z^2}{s^2 + \dfrac{\omega_p}{Q_p} s + \omega_p^2} \tag{5.15}$$

式中 $\omega_z = \omega_p$。每种过滤器都使用一对复极点来形成滤波器响应。其零点的不同位置形成滤波器响应的形状。

在带通和带阻滤波器的情况下，通带和阻带之间每侧的斜率为 20dB/dec。为了满足阻带衰减的要求，我们可以增加极点来增加斜率。

5.6 运算放大器滤波器

我们可以以多种形式构建运放滤波器，所有这些形式都使用反馈。可以使用 4.9 节中的运算放大器的反相和非反相形式，通过使用复阻抗而不是简单的电阻来构建滤波器。也可以使用其他拓扑构建滤波器。

积分和微分是两个有用的函数，说明了运放滤波器的用途。图 5.16 所示为积分电路。鉴于电容器在直流下是开路的，反馈电阻 R_f 用于防止直流增益变得无穷大。我们设置 $R_2 = R_1$ 来校正输入偏置电流。反馈阻抗为

$$Z_f = R_f \| C_1 = \frac{R_f}{1 + sR_fC_1} \tag{5.16}$$

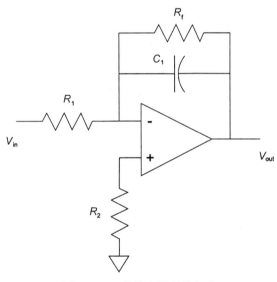

图 5.16　运算放大器积分电路

由式（4.14）可知，滤波器的传递函数为

$$T_i(s) = \frac{Z_2(s)}{Z_1(s)} = \frac{Z_f}{R_1} = \frac{R_f}{R_1} \frac{1}{1 + sR_fC_1} \tag{5.17}$$

积分器是一个低通滤波器，它与这个传递函数是一致的。积分器在 $1/(2\pi R_fC_1)$ 频率处滚降。

图 5.17 所示为 $R_1 = 10\text{k}\Omega$，$R_2 = 1\text{k}\Omega$，$R_f = 10\text{k}\Omega$，$C_1 = 1\text{nF}$ 时，运算放大器积分电路的 Pspice 仿真结果。图中同时显示了幅值和相位响应。这些图的形式是伯德图，x 轴上是频率，y 轴上是输出电压或相位的对数。

滤波器的相位响应是滤波器工作的一个重要方面，我们将在 5.7 节中看到一个关于

相位重要性的简单例子。在低频，积分器引入 180° 相移；在高频，引入较少的相移。这两个区域之间的转换集中在滤波器的拐角频率，本例中为 10kHz。

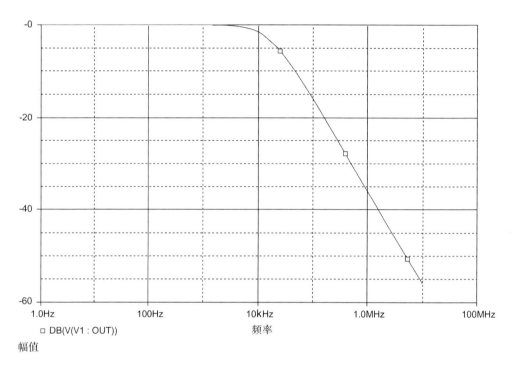

幅值

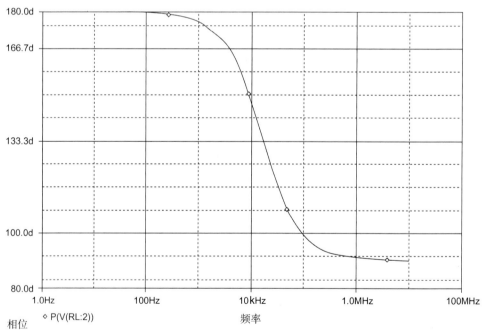

相位

图 5.17   一个运算放大器积分电路样例的仿真输出

微分器是高通滤波器。图 5.18 显示了一个微分电路 [41]。基本微分功能由 C_1，R_2 提供。滤波器的两个支路都被构建为 RC 电路，以创建带通滤波器。其传递函数为

$$T_d(s) = \frac{Z_2(s)}{Z_1(s)} = \frac{sC_1R_2}{(1+sR_1C_1)(1+sR_2C_2)} \qquad (5.18)$$

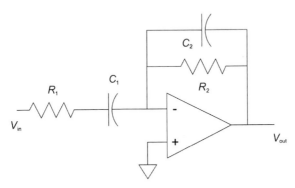

图 5.18　运算放大器差分电路

低频滚降发生在 $1/(2\pi R_2 C_1)$。滤波器有两个高频滚降点，可以通过选择元件值来提高截止的锐度：

$$\frac{1}{2\pi R_1 C_1} = \frac{1}{2\pi R_2 C_2} \qquad (5.19)$$

图 5.19 显示了 R_1=10 kΩ，C_1=1 nF，R_f=10 kΩ，C_2=1 nF 时的运算放大器微分电路的 Pspice 仿真输出。输出幅度随着频率的增加而增大，这表明输入端发生了更多的变化，然后由于反馈电容的作用而滚降。

相位响应形状与图 5.17 相似，但绝对值不同。

5.7　示例：低音增强滤波器

低音增强滤波器通常用于增强音频系统的低音。图 5.20 显示了一个简单的低音增强器的原理图，该增强器分两阶段工作。输入信号在一个分岔处直接进入第二阶段，在另一个分岔处进入低通滤波器。稍后我们就会看到，应该注意低通滤波器输出的相位。第二阶段是将两个信号相加的求和电路。

图 5.21 显示了完整的低音增强滤波器的 Pspice 原理图。第一级是一个拐角频率为 $1/(R_f \cdot C_1)$=20 Hz 的低通滤波器。该运算放大器被配置为非反相放大器，因此其输出与输入同相。输出有相移，但仍与输入相位接近。我们希望这两个信号的相位相似，这样组合起来就不会相减。使用一个求和放大器作为最后一级，将低音信号和输入信号结合起来。为了简单起见，我们在这里使用一个固定电阻。

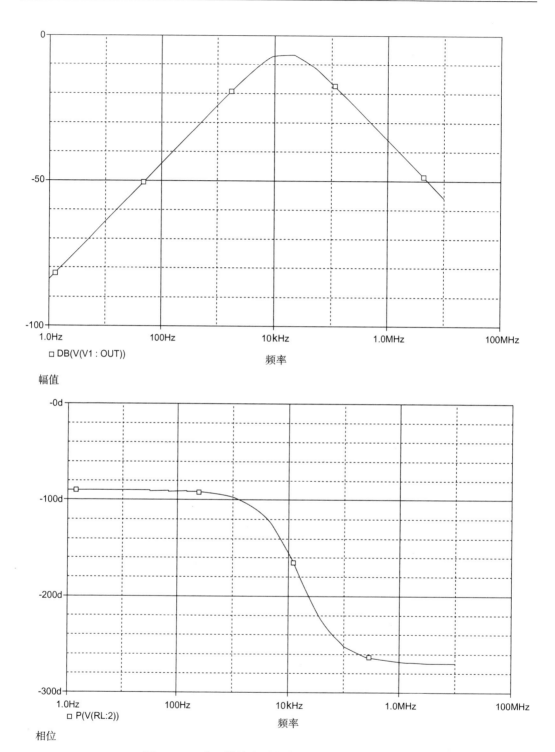

图 5.19　一个运算放大器微分电路样例的仿真输出

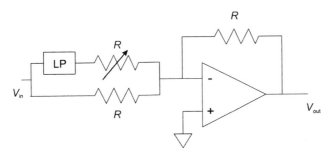

图 5.20　一个低音增强滤波器样例

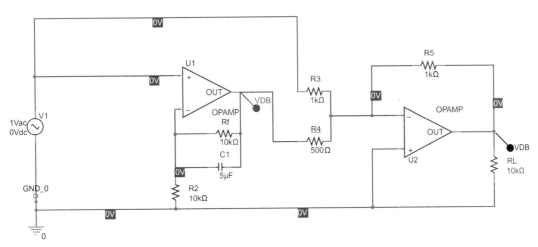

图 5.21　低音增强滤波器原理图

图 5.22 所示为低音增强滤波器的频率响应。本仿真采用 Pspice 的交流扫频模式：输入源 V1 为电压源，其扫频范围在指定范围内；输出显示该频率范围内的电压电平的分贝值。结果类似于伯德图，但显示的是实测值，而不是渐近线。在这种情况下，底部曲线是第一级的响应，顶部曲线是最终的输出。低音增强输出显示了低通滤波器的贡献。

第二级使用反向拓扑。负输入处的电阻树将电压传递到负端，该电压由树的两个分支的信号之和决定。如果在树和反馈电路中使用等值电阻，那么和的权重是相等的。如果在由低通滤波器供电的分支上使用电位器，那么可以改变低音增强的量。

我们可以推广低音增强电路的结构，创建一个音频均衡器，如图 5.23 所示。均衡器将音频范围划分为多个频带，并在每个频带中提供可调电平。本例使用了 3 个频带，但使用更多频带也是可以的。每个波段都有自己的滤波器。在同一点为相邻滤波器选择通带频率，以提供合理、平坦的覆盖范围，将通带边缘的 −3 dB 的点相加在一起。在最后一级，使用电阻器树中的电位器来控制每一级的电平。

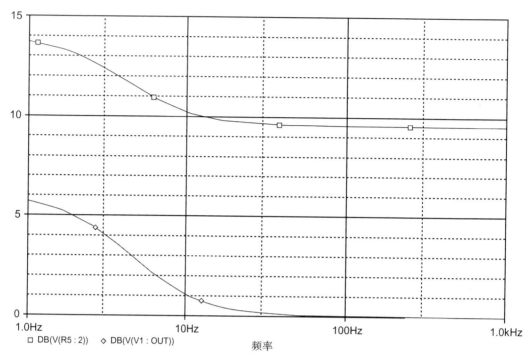

图 5.22   低音增强滤波器的仿真输出

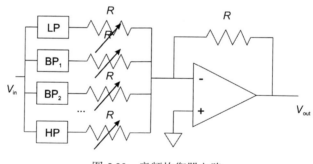

图 5.23   音频均衡器电路

5.8   高级滤波器类型

如果愿意超越双二次形式，允许更多的极点和零点，可以创建几种不同类型的滤波器，提供更醒目的响应曲线。这些不同类型的滤波器各有优缺点。将不同的滤波器配置称为近似值，因为它们近似于一个理想的矩形滤波器的特性。对于这些滤波器，可以选择滤波器的阶数：更高的阶数意味着更强的滤波器特性，但也意味着实现起来更昂贵。这些近似值都是用低通滤波器表示的。如果想要另一种类型的滤波器，则可以应用从低通形式到所需形式的转换。

巴特沃斯近似将传递函数的零点均匀地分布在 s 平面的一个圆上。这导致其传递函数的斜率在直流电路中具有最大限度的平坦度。传递函数的滚降速度与零点的数量成正比。结果可能是从直流到通带边缘的强衰减。

切比雪夫近似利用通带中的纹波来获得最大的平坦度。纹波是指滤波器增益在通带内随频率的增加或减少而变化。纹波的数目等于滤波器的阶数。这种配置提供了比使用更平滑的巴特沃斯滤波器更高的阻带损耗。切比雪夫零点沿椭圆分布。

椭圆近似使用阻带中的极点和零点的组合来提供最大平坦度的阻带。因此，阻带损耗更接近于指定的损耗，而切比雪夫滤波器的阻带衰减比要求的要大。椭圆滤波器因其效率满足滤波器规格要求而得到广泛应用。

虽然音频应用通常对相位不敏感，但数字信号需要严格控制相位特性。贝塞尔近似用于提供一个平坦的通带和对通带相位特性的良好的控制。

5.9　数字滤波器

寄生或温度变化会影响模拟滤波器，数字滤波器不受其影响。我们将在第 6 章中看到，数字波形确实存在采样限制；我们还必须考虑数值效应。我们经常使用模拟和数字滤波的组合。

数字滤波器可以设计为两种形式：有限冲激响应（FIR）或无限冲激响应（IIR）。IIR滤波器更小，但也存在更多的数值问题。两者都是在时钟控制下运行的同步系统。可以用软件构建数字滤波器，也可以直接用逻辑电路构建数字滤波器，这里集中讨论用逻辑电路实现。

图 5.24 显示了 FIR 滤波器的结构。z^{-1} 操作符是单元延迟操作符，它作为寄存器而实现。系数 b_i 沿某些路径相乘，这些积被叠加在一起，产生滤波器输出。其结构可以写为

$$f(n) = \sum_{0 \leqslant i \leqslant n} b_i x(n-i) \tag{5.20}$$

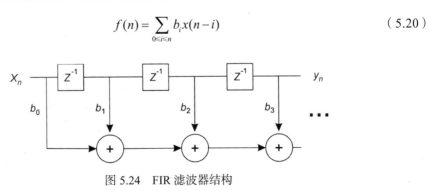

图 5.24　FIR 滤波器结构

滤波器的阶数为 n，FIR 滤波器没有反馈。因此，它的脉冲响应是有限的。如果把一个单位脉冲输入滤波器的输入端，滤波器的输出经过 n 个周期后返回为零。缺乏反馈

也意味着信号的最大值是有限的。

根据 FIR 滤波器的规范，可以使用几种不同的算法来设计其系数，包括窗口法和帕克斯 – 麦克莱伦算法。

图 5.25 所示为一种可用于 IIR 滤波器的结构，也可以使用其他类型的结构。IIR 滤波器包含反馈，这可能导致滤波器潜在的时间无界响应。IIR 滤波器通常比等效滤波器需要的硬件更少。IIR 滤波器的系数通常是由模拟传递函数变换得到的，例如椭圆近似。

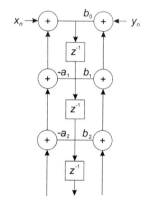

图 5.25   一种 IIR 滤波器结构

数字滤波器对有限大小的字起作用。我们必须选择字的大小，以允许可被计算的值的范围。滤波器的动态范围不仅取决于输入信号的动态范围，还取决于滤波器的系数。输入信号的动态范围可以表示为

$$R_{in} = [-v, +v] \tag{5.21}$$

FIR 滤波器中可以产生的最极端值是

$$R_{out} = \left[-v \sum_{0 \leqslant i \leqslant n} b_i, +v \sum_{0 \leqslant i \leqslant n} b_i \right] \tag{5.22}$$

IIR 滤波器需要更多的关注，因为反馈意味着信号可以增长到无限水平。

数字滤波器可以使用字并行或字串行算法。由于一个字的操作需要几个时钟周期，因此字串行结构会带来延迟，但是可以建立字串行结构。

许多 FPGA 的逻辑单元中都包含硬件乘法器。本机乘法器和大量寄存器的组合使 FPGA 非常适合数字滤波。

5.10   脉冲和定时电路

LM555 定时器[19, 66]，通常称为 555 定时器，由于其多功能性，因此成为一种流行的 IC。它可以在长达 7 个数量级的时间内产生脉冲，也可以产生单个脉冲或脉冲序列，还可以在广泛的电压范围内工作，并被设计为在较大的温度范围内提供稳定的定时。

图 5.26 显示了 555 定时器的原理图。触发输入大于 $V_{CC}/3$ 时会产生脉冲：设置触发器状态；触发器驱动输出级，向输出提供大电流。当阈值电压达到 $2V_{CC}/3$ 时，触发器复位，这使得放电晶体管导通，能吸收大电流。触发器也可以用负脉冲复位。控制电压可用于调整阈值。

图 5.27 所示为 555 定时器，配置为单次触发，也称为单稳态多谐振荡器。触发输

入导致产生已知长度的输出脉冲。单次触发被广泛用于调节短脉冲，并确保它们满足已知的持续时间。脉冲持续时间由电容器 C_1 的值决定。脉冲使输出被驱动得很高，提供电流给 C_1 充电。当输出电压达到 $2V_{cc}/3$ 时，触发阈值比较器，内部触发器复位，因此，输出驱动停止，放电晶体管导通，对 C_1 放电。这里不使用控制输入，其值保持在 C_2。

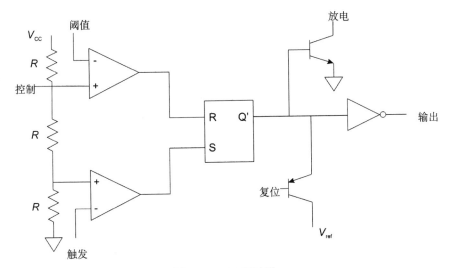

图 5.26   555 定时器

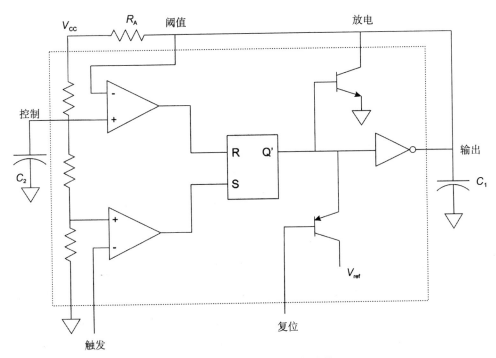

图 5.27   单次触发 555 定时器

图 5.28 给出了时延与 C_1、R_A 之间的关系。可以使用各种元件值的组合实现大范围的时间延迟。

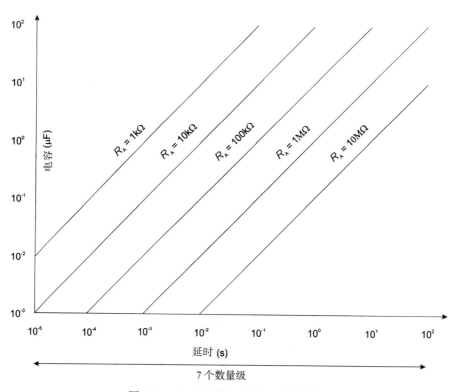

图 5.28　555 延时为电阻和电容的函数

5.11　信号发生器

图 5.29 所示是配置为无稳态多谐振荡器或多稳态多谐振荡器的 555 定时器[66]。这个电路产生稳定的脉冲序列。这多亏了反馈——定时电容连接到触发器。触发器输入使 C_1 开始通过 $R_A + R_B$ 充电，当电压达到 $2V_{CC}/3$ 时，通过 R_B 触发放电，放电过程一直持续到电压达到 $V_{CC}/3$。因为触发器是负的，所以这个低电压导致触发器启动另一个周期。脉冲的周期由充放电时间之和给出：

$$T = t_{chg} + t_{dis} = 0.69(R_A + R_B)C_1 + 0.69R_B C_1 = 0.69(R_A + 2R_B)C_1 \qquad （5.23）$$

控制输入可以用来修改脉冲的占空比。改变控制电压会改变决定脉冲触发时间的阈值电压。

有时需要产生相对于输入脉冲序列更高频的脉冲序列，例如，当把一个低频参考信号转换成一个高频时钟时。锁相环（PLL）可用于生成输入频率倍数的信号。如图 5.30

所示，锁相环是一个闭环控制系统，它会比较参考信号和输出信号之间的相位差，该误差信号用于调整压控振荡器（VCO）的频率。PLL 必须经过精心设计，以提供所需的精度，但集成 PLL 发生器广泛可用。

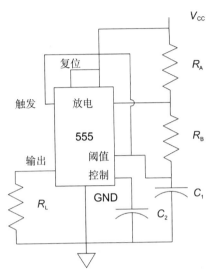

图 5.29　配置为不稳定多谐振荡器的 555 定时器

图 5.30　锁相环结构

三角波和锯齿波有多种用途。三角波有时代替正弦波作为驱动波形。精确的三角波比高质量的正弦波更容易产生。如图 5.31 所示，三角形波形的上下斜率近似相等，而锯齿形波形的一侧比另一侧陡得多。一些作者把这两个术语当作同义词，但保持两种波形之间的区别是有用的。

可以建立一个基于非稳态多谐振荡器的锯齿形或三角形波形发生器。将脉冲序列输入运算放大器的积分器，会产生锯齿波形，其上下斜率取决于脉冲的占空比。

还可以使用图 5.32[59] 中的电路生成三角形波形。运算放大器 O_1 被配置为积分器并生成三角形波形。两个比较器 C_1、C_2 决定 O_1 何时在正负斜率段之间切换：C_2 导致从负斜率到正斜率的切换；C_1 导致从正斜率到负斜率的切换。C_1 反馈回路中的二极管允许其锁定状态。

可以使用二极管来建立能产生分段线性近似波形的电路。图 5.33 显示了波形及其分段线性近似。每个线性段都有一个特征斜率，我们将通过改变输出放大器的增益来跟踪它。断点由电压表示。

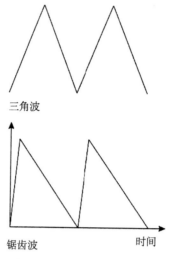

图 5.31 三角波和锯齿波波形

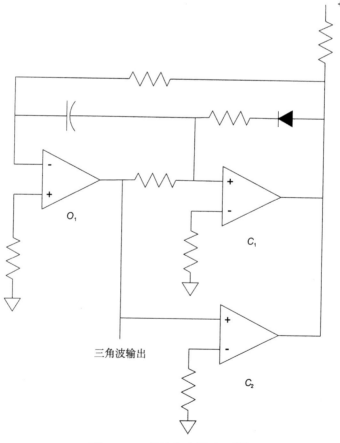

图 5.32 三角波发生器波形 [59]

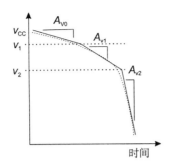

图 5.33　波形的分段线性近似

图 5.34 显示了波形整形电路[63]，通过更多的二极管和电阻可以添加额外的断点。电路的输入是一个简单的波形，如三角形。二极管用于启用和禁用运放输入端的电阻。通过改变输入端的电阻，可以调节运放的增益并改变输出的斜率。我们解出曲线斜率和断点值的方程，找出电阻值。

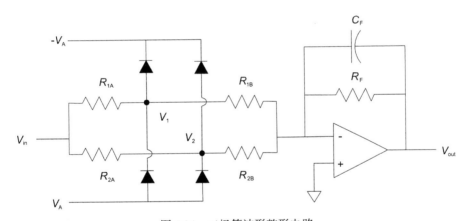

图 5.34　二极管波形整形电路

分段线性段的斜率由运算放大器增益决定。由于 $A_V = -R_F/R_D$，其中 R_D 是输入支路电阻网络的电阻，因此启用和禁用网络中的不同电阻会改变输出波形的斜率。反馈电容器为波形提供少量平滑。

断点值由 AB 对电阻构成的分压器决定。在 V_{in} 值较低时，两个二极管都处于关闭状态，输入端电阻为

$$R_D = (R_{1A} + R_{2A}) \| (R_{1B} + R_{2B}) \qquad (5.24)$$

设分压比 $D_2 = R_{2B}/(R_{2A}+R_{2B})$。当 $V_2 = V_{in}D_2 = V_A - 0.7\text{V}$ 时，右侧控制二极管导通并使 R_{2B} 短路，从而导致运算放大器的输入支路电阻发生变化。同样，当 $V_1 = V_{in}D_1 = V_A - 0.7\text{V}$ 时，左侧控制二极管导通，使 R_{2B} 短路，并再次改变运放的输入支路电阻。

除了原子钟外，建立精确频率基准的标准方法是使用晶体振荡器。晶体表现出压电效应，它在机械应力和电振荡间互换：将晶体置于机械应力下，会使通过晶体的电信号发生振荡；将振荡信号输入晶体中，晶体会产生较小的机械变形。晶体有两个重要的特性，这使它们成为很好的频率基准。第一，它们提供了一个非常精确的频率，这个频率由晶体的特性和切割方式决定；第二，晶体的特性在广泛的环境和操作条件下是稳定的。晶体也有很高的 Q 值。

图 5.35 显示了晶体简单模型的等效电路[5]。晶体以 C_0 构建的基准频率工作，而串联 RLC 电路为谐波缺陷建模（一个更精确的模型还包括针对高阶谐波的附加 RLC 电路，这种谐波出现在基波频率的奇数倍频率处）。总的来说，晶体的阻抗随着频率的增加而下降。晶体有两个相近的共振频率：一个导致低电抗，另一个导致高电抗。

图 5.36 所示为科尔皮兹振荡器[5]。晶体提供振荡输入。谐振电路由一个射频感应器和一对连接在分压器中的电容器组成。

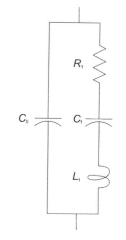

图 5.35　晶体的等效电路

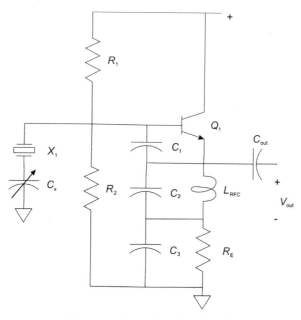

图 5.36　科尔皮兹晶体振荡器[5]

5.12　示例：任意波形发生器

数字块为构建任意波形发生器提供了一种很好的方法。该装置定期从表中生成样本，改变表格内容会改变输出波形。我们将专注于数字设计，样本可以发送到模拟 / 数字转换器转换成模拟波形。

如图 5.37 所示，样本存储在 SRAM 中。为了简化设计，我们严格地将其作为 ROM 来使用，它的内容由 FPGA 配置进行初始化。可以在波形发生器上增加一个接口，以便 FPGA 在通电时下载新的采样值。采样控制器将维持一个计数器在 SRAM 中循环采样。它产生波形的速度由时钟输入控制。一个单独的计数器用于为样本生成提供乘法因子。给定 M 的乘法因子，样本控制器在样本之间等待 M 个时钟周期。波形发生器模块会实例化这两个组件，将它们连接在一起，并将它们连接到时钟以及重置输入。

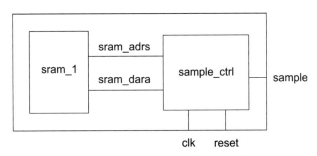

图 5.37　一种任意波形数字发生器

5.13　信号检测器

比较器 IC[61] 根据其两个输入 V_+、V_- 的差值来生成离散信号。比较器在其输入端使用一对差分对，非常类似于运算放大器，但其输出级设计用于产生离散输出，而不是线性输出。不幸的是，我们对比较器和运算放大器使用相同的原理图符号。

也可以用运算放大器来比较两个电压。在这些情况下，不使用运算放大器的线性特性，而是将其输出饱和到一个或另一个电源轨。虽然运放不是专门用来驱动逻辑门的，但它们的电压水平和电流输出足以为许多逻辑门系列提供有效的信号。比较器提供了一种很好的方法来在模拟域做出决策，并将结果转换为数字值。

图 5.38 所示为运放比较器。V_+ 输入由分压器供电，它提供与 V_{in} 相比较的参考电压。R_3 是一个上拉电阻，当输出应该为高的时候，可以确保输出达到 V_{cc}。

调幅（AM）用于广播电台和其他形式的通信。如图 5.39 所示为使用另一个信号调制高频载波信号的振幅。被调制信号的峰与峰间的平滑形式称为包络线，跟踪调制信号。AM 用于无线电，因为音频不能有效地传输；载波信号允许在更高的频率下传播。

图 5.40 所示为 AM 检波器电路，也称为包络检波器。二极管提供检测所需的非线性元件，RC 滤波器使波形平滑。这种电路与我们将在第 7 章中看到的用于交直流功率转

换的整流电路非常相似。

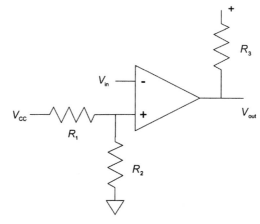

图 5.38   运算放大器比较器

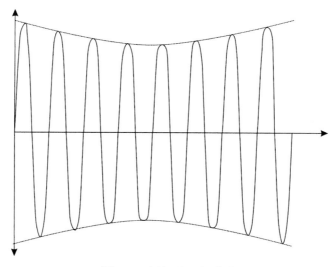

图 5.39   调幅（AM）波形

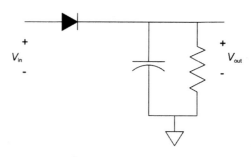

图 5.40   调幅检测器

　　只要选择适当的时间常数，就可以用这种探测器来测量其他类型的波形包络线。例如，包络值可以用作电平控制。通过设置包络阈值，还可以提供启动其他操作的信号。

　　频率调制（如图 5.41 所示）将改变载波的频率，而不改变其振幅。调频提供了更高的信噪比，因为物理噪声源往往不会干扰调频效果。

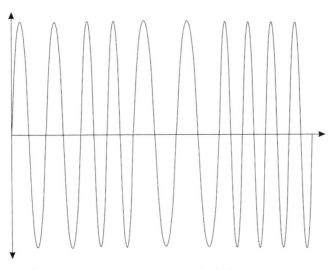

图 5.41　调频（FM）波形

　　进行调频探测需要更复杂的电路，并且已经发明了几种不同类型的探测器。

　　图 5.42 所示为正交检波器，它将信号与相对于载波频率延迟 90° 的信号版本混合。这种混合会产生几种结果。低通滤波器用于选择基带信号版本。

图 5.42　调频正交检波器 [5]

5.14　示例：耳机插孔检测器

　　通过与基准电压进行比较，可以检测诸如插入或拔出信号的事件。一个很常见的例子是检测耳机何时插入音频设备。

　　图 5.43 所示为用于检测外部设备何时插入耳机端口的电路 [1]。V_- 输入端连接到由 R_1、R_2 形成的分压器上，该分压器产生基准电压；电容器 C_1 将交流信号短路。V_+ 输入端有自己的分压器，分压器由电阻 R_3 和 R_4 组成；它还有一个分路电容器用来进行瞬态

滤波。R_3、R_4 分压器不仅用于测试端口是否插入了其他元件，还用于 C_2 短路交流信号。如果没有元件插入端口，则 R_3、R_4 分压器直接决定 V_+ 端的电压。

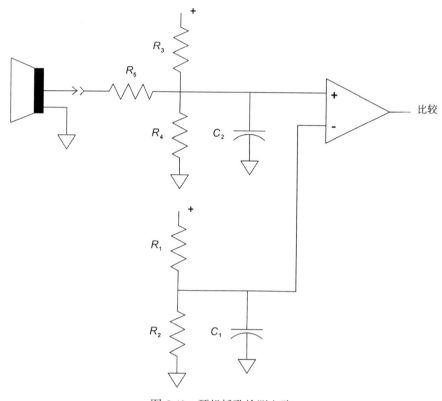

图 5.43　耳机插孔检测电路

分压器用于定义已知的电压。比较器将已知电压与插孔处的电压进行比较。如果插孔电压高于基准电压，则没有插入任何元件。可以选择两个分压器的相对值，以确保运放的输出为高。如果将扬声器插入端口，它的低阻抗以及限流电阻 R_5 将与 R_4 并联。因此，V_+ 会降到足够低的值，低于 V_- 电平导致运算放大器的输出切换到相反的值。例如，检测器的输出可以连接到 CPU 的一个中断信号。检测到插头事件可以向驱动程序发出信号，使其执行所需的内务操作来响应该信号。

图 5.44 所示为插孔检测电路的 Pspice 原理图。使用 MOSFET 模拟 8Ω 扬声器的连接和断开；使用电压脉冲电路驱动 MOSFET 的栅极并导通和关闭晶体管。

图 5.45 所示为电路特性，当 MOSFET 导通并且将扬声器电阻连接到输入时，运放输出变为负，表示有连接。

可以建立几个具有不同阈值的检测器来检测几种不同的设备中哪一种被插入，假设不同设备具有足够不同的阻抗，就可以可靠地区分它们。

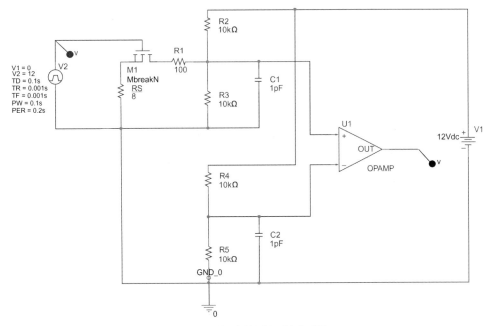

图 5.44　插孔检测电路原理图

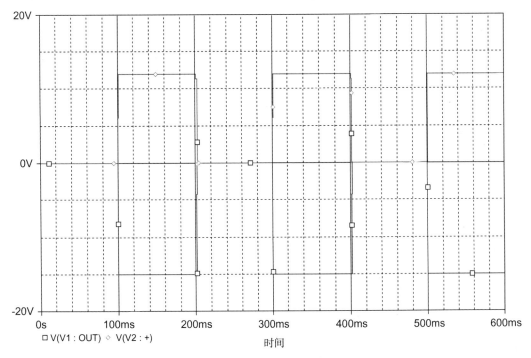

图 5.45　插孔检测电路仿真输出

图 5.46 所示是一个 3.5mm 的耳机插头。插头分为 4 个不同的导电区域，用绝缘体

隔开。这种布置称为尖端/环/环/套筒的四芯插头，允许 3 种不同的信号和接地信号返回。其支持检测多个设备的能力对于有麦克风和扬声器的现代耳机特别有用。首先，需要能够区分只有立体声扬声器的耳机和包括麦克风及扬声器的耳机。其次，存在两种不同的四芯扬声器加麦克风配置。如图 5.47 所示，耳机将信号返回，相对于其他信号，位置有所不同。一种配置称为非苹果耳机配置，另一种配置称为苹果耳机配置。这两种配置都没有提供功能优势；两种配置之所以存在，只是因为没有制定行业标准。由于这两种类型的耳机都是常用的，音频设备必须首先检测插头插入，然后测试终端，查看使用的是哪种配置，然后将它们的内部电路连接到插孔的适当部分。可以使用数字有限状态机或软件控制器对连接的组合方式进行排序。

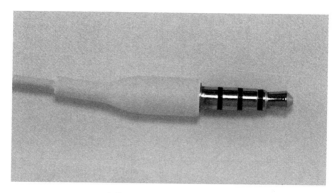

图 5.46   四芯耳机插头

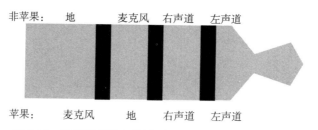

图 5.47   非苹果耳机和苹果耳机的四段式插头配置对比

TPA6166A2[65] 是一个音频放大器芯片，它还可以检测何时连接了附件及其四芯配置。当检测到一个插孔中有部件插入时，芯片运行一个算法来确定其四芯配置；它需要两个连续的配置操作来确定相同的类型，以保证结果可靠。

延伸阅读

Lancaster[33] 对有源滤波器进行了一个全面的介绍。Jung[32] 讨论了各种各样的精密运放电路。Daryanani[17] 详细介绍了运放滤波器的设计。McClellan 等人 [39] 详细描述了数字滤波器。

问题

5.1　为 ω_p=4000，ω_s=5000，A_{max}=3dB，A_{min}=50dB 的低通滤波器绘制滤波器规格图。

5.2　为 ω_p=10 000，ω_s=8000，A_{max}=1dB，A_{min}=60dB 的高通滤波器绘制滤波器规格图。

5.3　为 $[\omega_1, \omega_2]$=[1000, 4000]，$[\omega_3,\omega_4]$=[500,5000]，A_{max}=3 dB，A_{min}=50 dB 的带通滤波器绘制滤波器规格图。

5.4　为 $[\omega_1, \omega_2]$=[2000, 10 000]，$[\omega_3,\omega_4]$=[1500,10 000]，A_{max}=1 dB，A_{min}=50 dB 的带通滤波器绘制滤波器规格图。

5.5　为 ω=0 时增益为 20dB，ω=2 kr/s 时有 1 个极点的低通滤波器绘制伯德图。

5.6　为 ω=0 时有 1 个极点，ω=0 时增益为 0，ω=2000r/s 时有 1 个极点的高通滤波器绘制伯德图。

5.7　串联 RLC 电路，其中 R=1 kΩ，L=1μH，C=1μF。

（a）其共振频率 ω_r 是多少？

（b）它的 Q 值是什么？

5.8　给出 ω_p=4000，Q_p=25 的低通滤波器的双二次传递函数。

5.9　给出 ω_p=10 000，Q_p=50 的低通滤波器的双二次传递函数。

5.10　找出 R_1=R_f=1 kΩ，f_p=5 kHz 的有源 RC 低通滤波器的反馈元件值。

Embedded System Interfacing: Design for the Internet-of-Things (IoT) and Cyber-Physical Systems (CPS)

模拟 / 数字和数字 / 模拟转换

6.1 简介

数字信号和模拟信号之间的转换是使用数字计算机处理模拟数据的关键。为了完成外部世界和计算机之间的回路，需要模拟 / 数字转换器（ADC）和数字 / 模拟转换器（DAC）。AD 转换和 DA 转换通常都依赖于集成电路，很少自己设计。但是理解转换器的设计原则有助于我们更好地利用集成转换器。

6.2 节介绍对模拟信号采样的速率，以将其信息保存在数字信号中。基于这些知识，6.3 节介绍了转换器的规范，6.4 节给出了数字 / 模拟转换的基本方法，6.5 节给出了几种不同的模拟 / 数字转换体系结构，6.6 节简单介绍了小型数字 / 模拟转换器的设计。

6.2 奈奎斯特速率

数字信号是从连续模拟信号中采样而来。我们只知道原始连续信号在特定时刻的值，希望能够从数字信号重建出原始的连续信号。为了做到这一点，信号必须具有有限的带宽——它的频率分量必须不大于某个已知频率 f_c。然后，必须以最小速率对信号进行采样，该速率称为奈奎斯特速率。

图 6.1 给出了一个正弦信号和以两种不同速率采集的样本。以奈奎斯特速率进行采样，可以重建原始正弦波。如果以较低的速率采样，则可以在较低的频率内插入一个适合所有采样点的信号。事实上，可以在不同频率内插入无限数量的正弦信号。大多数插值信号都是错误的，这种效应称为混叠。图 6.2 给出了频域混叠的效果。信号的频谱沿亚奈奎斯特率折叠。频率略高于采样率的信号显示为混叠，略低于采样率。远离采样率的信号会在更低的频率下产生混叠。混叠会导致原始信号失真，这是无法消除的，我们不知道采样信号的哪部分是真实的，哪部分是混叠的。

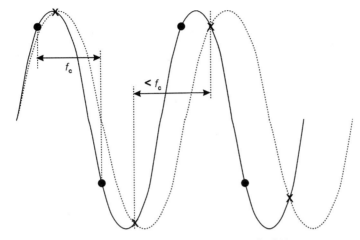

图 6.1　以奈奎斯特速率或更低速率采样

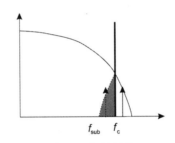

图 6.2　频域混叠

6.3　转换规范

转换速度是一个重要的度量指标。虽然 DAC 可以在非常高的速度下工作，但 ADC 在给定位数下的转换速度差别很大。

我们关注转换中的两种噪声。量化噪声是样本有限表示的结果。最简单的表示形式是线性的——样本值是信号值的线性函数。给定信号 $x \in [0, V]$ 的 n 位表示，得到一个步长表示如下：

$$\Delta = \frac{V}{2^n} \tag{6.1}$$

样本 s 的量化噪声是

$$N_s = \frac{1}{2}\Delta \tag{6.2}$$

量化的均方误差是

$$MSE = \frac{\Delta^2}{12} \tag{6.3}$$

在表示中增加一位，噪声可以降低 1/4，或者说降低 6 dB。理想的模数转换器信噪比为

$$20\log\frac{\text{RMS}(V_{\text{in}})}{\text{RMS}(N_{\text{s}})} \tag{6.4}$$

给定信号的特征，可以确定 $\text{RMS}(N_{\text{s}})$。

我们不需要局限于线性转换函数。一些转换器利用非线性转换定律作为数据压缩的一种形式。电信系统中使用的 μ- 定律就是一个例子。图 6.3 比较了线性转换定律和 μ- 定律的特性。在 8 位值上定义的 μ- 定律，利用人类听觉系统的半对数响应，在较低音量下使用较大的步长，在较高音量下使用较小的步长。μ- 定律的连续形式是 [9]

$$F(x) = \text{sgn}(x)\frac{\ln(1+\mu|x|)}{\ln(1+\mu)}, -1 \leqslant x \leqslant 1 \tag{6.5}$$

在美国和日本，μ=255。在欧洲使用 A- 定律：

$$\begin{aligned} F(x) &= \text{sgn}(x)\frac{A|x|}{1+\ln A}, 0 \leqslant |x| < \frac{1}{A} \\ &= \text{sgn}(x)\frac{1+\ln(A|x|)}{1+\ln A}, \frac{1}{A} \leqslant |x| < 1 \end{aligned} \tag{6.6}$$

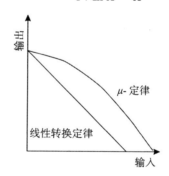

图 6.3　线性转换定律和 μ- 定律特性

时钟抖动噪声是转换噪声的另一个重要来源。时钟转换的相位变化导致样本间的时间间隔不均匀。因此，将对信号进行稍微不同的采样。时钟抖动可以建模为高斯过程。

除了噪声，还必须注意转换电路的精度。

许多电路问题会导致转换器的输出在一个方向或另一个方向上发生偏差。

6.4　数字 / 模拟转换

数字 / 模拟转换在某种程度上是比较简单的转换问题。要进行准确的换算，需要注

意细节，但基本原理非常简单。图 6.4 所示为 *R-2R* 网络，该网络可用于将二进制位的电压值转换为模拟电压。二进制的值应用于顶部的 2R 电阻。电阻器网络将 2 的加权幂位电压相加，形成模拟输出。这个电阻树可以构建成任意数量的位，以提供任意的动态范围。

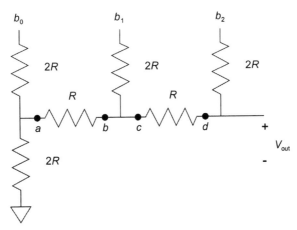

图 6.4 *R-2R* 网络

R-2R 网络可扩展到不同的位宽，因为第一个 *i* 位总是具有相同的阻抗。考虑 *a* 点阻抗：串联的 2R 电阻的等效阻抗为 *R*。在 *b* 点，网络等效于两个 *R* 大小的电阻串联，其等效电阻为 2R。所以，在 *c* 点，网络看起来和在 *a* 点一样，是两个 2R 电阻的串联。

R-2R 网络的比例按转换所需的 2 的幂次方缩放。当 b_0 为高时，*c* 点的电压为 $V_{CC}/4$。如果 b_1 也为高，电阻树就会产生 $V_{CC}/4+V_{CC}/2$ 的电压。输出电压与级数的函数关系为

$$V_{out} = \sum_{0 \le i \le n-1} b_i \frac{V_{CC}}{2^{n-i}} \qquad (6.7)$$

转换器可产生的最大电压为

$$V_{max} = V_{CC}\left(1 - \frac{1}{2^n}\right) \qquad (6.8)$$

在网络比较简单时，DAC 可以以非常高的速度工作。

精确的数字/模拟转换需要精确的电阻值以及网络中电阻之间的最小变化。转换器使用薄膜电阻以确保电阻保持严格的公差。

一个更现代的 DAC 架构是基于电流舵的。如图 6.5 所示，根据输入值，可以将一组电流源切换到转换操作中或从转换操作中切换出来。使用运算放大器电路，可以将总电流转换成电压。

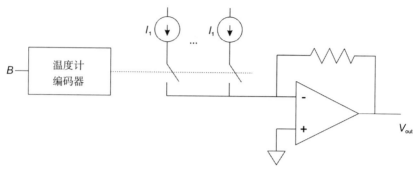

图 6.5   电流舵数字 / 模拟转换器

6.5   模拟 / 数字转换

ADC 提供了更广泛的设计权衡。模数转换方法在速度、精度和准确性上有很大的差异。

任何 ADC 的关键元件都是采样保持电路，如图 6.6 所示，该电路结构简单，是一个接入晶体管保护电容。MOSFET 在采样控制信号 samp 和采样电压 V_{samp} 之间提供了良好的隔离。电路的细节必须仔细设计。接入晶体管必须快速开关，它的导通电阻必须非常低，关断电阻必须非常高。接入晶体管的控制信号也必须在最小化晶体管不完全导通的时间内支持非常急剧的转换。

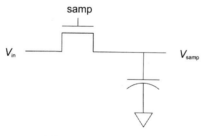

图 6.6   采样保持电路

最简单的 ADC 形式是图 6.7 所示的闪烁型转换器。保持在采样保持电路中的样本被同时发送到 2^n 个比较器（在本例中，是 256 个比较器）。每个比较器都将其参考值设置为一个可能的量化电压。参考电压低于输入电压的所有转换器输出 1；参考电压高于输入电压的所有转换器产生 0。逻辑网络可用于将这些位重新编码成 n 位数字。闪烁型转换器在任一 ADC 架构中提供最高的转换速度，它们通常用于需要高速的视频转换。但是它们很昂贵，转换器的数量与输出的位宽成指数关系。

频谱的另一端是图 6.8 所示的逐次逼近式转换器。该转换器将采样和保持值与内部电容器中的候选电压进行比较。它执行二进制查找，以分配从最高有效位到最低有效位的数字值的每个位。在每个步骤 i 中，转换器将候选电压与输入电压进行比较。如果候选电压低于输入电压，则内部 DAC 产生 $V_{CC}/2^{n-i}$ 的电压，将其添加到内部电容器，并且 $o_{n-1}=1$；如果候选电压已经高于输入电压，则不会向内部电容器添加任何电压，并且 $o_{n-1}=0$。经过 n 个估计步骤后，确定了每个位的值。逐次逼近式转换器速度较慢，但只需要用到少量硬件。

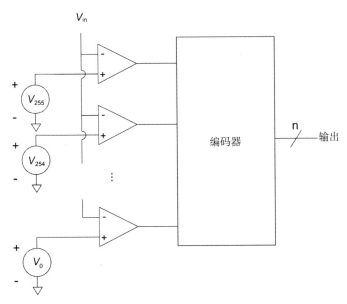

图 6.7　闪烁式转换器

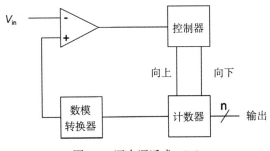

图 6.8　逐次逼近式 ADC

图 6.9 显示了双斜坡积分型转换器的结构。这个转换器使用了一种有趣的方法来提供高精度。内部电容器的充电电压等于采样和保持电压。然后，内部电容器以已知的速率放电；定时器计算电容器放电所需的时间。最终定时器的值等于数字转换输出值。电容器既充电又放电，许多非线性被消除，导致整个转换范围内的高度线性转换。

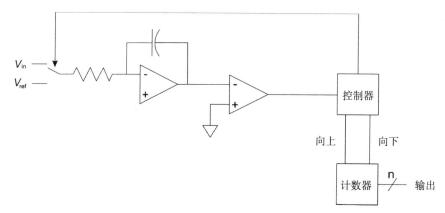

图 6.9　双斜坡积分型转换器

6.6　示例：*R-2R* 数字 / 模拟转换器

图 6.10 显示了 3 位 *R-2R* 转换电路的原理图。电阻与脉冲源相连，脉冲源的设计目的是产生从 0 到 7 的二进制编码输出。图 6.11 显示了 *R-2R* 网络的输出。

图 6.12 显示了具有一些不匹配电阻的网络输出：R2=2 kΩ，R6=1.5 kΩ。不匹配的值会影响它们所连接的位的结果。

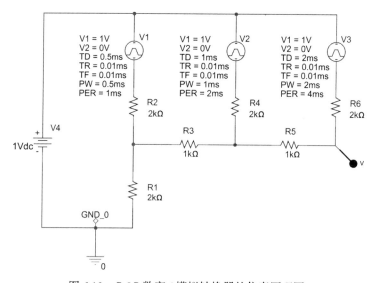

图 6.10　*R-2R* 数字 / 模拟转换器的仿真原理图

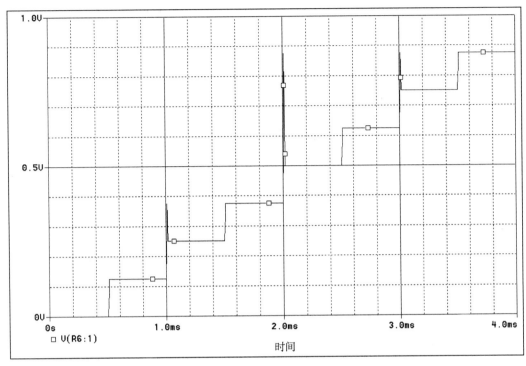

图 6.11   *R*-2*R* 电路输出

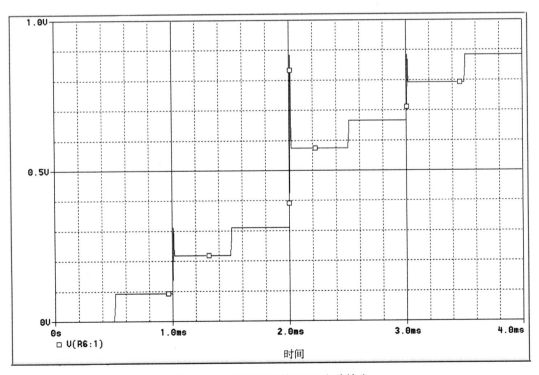

图 6.12   电阻不匹配的 *R*-2*R* 电路输出

问题

6.1 AM 信号占用频带 [600kHz,610kHz]。

1）这个信号的采样率是多少？

2）AM 信号被转换成基带，因此其带宽从直流开始。需要多大的采样率？

6.2 一个信号占据频带 [0 Hz, 20 kHz]。以 35 kHz 的频率对它采样。在什么样的频率下这些成分都出现在采样信号中？

1）15 kHz

2）18 kHz

3）19 kHz

6.3 这些样本对应于如下奈奎斯特速率的正弦曲线：

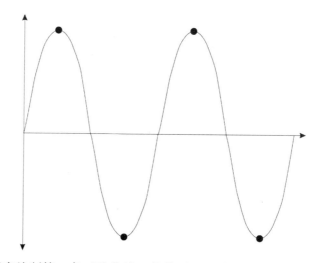

以更高的频率绘制第二条正弦曲线，使其可以用这些样本来表示。

6.4 这是一个 3 位 R-$2R$ 数字 / 模拟转换网络。

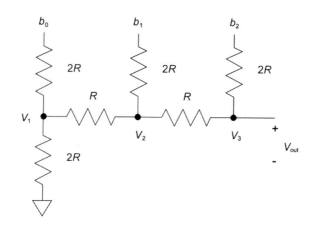

由电压 V 表示每个位的逻辑 1。给出每个输入的电压 V_1、V_2、V_3：

1）$b_2b_1b_0=101$

2）$b_2b_1b_0=011$

3）$b_2b_1b_0=110$

6.5　要进行 8 位逐次逼近，使用数模转换器需要多少个时钟周期？

第 7 章

电 源

7.1 简介

电源是电路设计中的无名英雄。只有当我们尝试使用质量差的电源时，高质量电源的重要性才变得明显。我们有时自己构造电源。与大多数类型的电路一样，对其设计进行深入了解有助于我们选择合适的电源，即使我们使用的是预制电源也是如此。

7.2 节讨论电源规范。7.3 节分析了交直流电源的设计。7.4 节介绍了 DC-DC 电源转换器的设计。7.5 节讨论了电池作为电源。7.6 节使用分立元件设计了一个简单的交直流电源。7.7 节介绍了电子器件的热特性和散热。7.8 节讨论了电源管理。

7.2 电源规范

直流电源最基本的规范是其输出电压和最大输出电流。最大输出电流通常是相对于负载阻抗规定的。许多电源提供的不同的输出电压都来自共同的核心。

输出电压纹波是数字电路，特别是模拟电路的一个非常重要的规范。纹波不一定是周期性的，在这种情况下，它是指输出电压的任何变化。虽然数字电路往往对电源电压相对不敏感，但大量的纹波可能会导致误差。模拟电路对电源纹波特别敏感。由于输出电压是相对于电源产生的，因此电源的变化会导致这些输出的变化。

转换效率是指输出到负载的功率与电源消耗的总功率之比。如图 7.1 所示，效率随负载功率的变化而变化。大多数电源在低负载时效率较低。电源的架空功耗通常与负载功率不成比例。

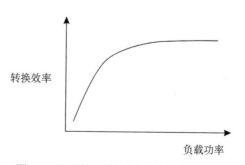

图 7.1　电源转换效率与负载功率之比

散热是一个重要的指标，它可能决定系统的使用情况，或是否需要某种形式的主动冷却，如风扇。电源并不总是直接指定它们的热输出。然而，我们知道，对于给定的功率输出，更有效的电源将产生更少的热量。

在整个电路中，接地电压通常用作基准电压。接地一词不是任意选择的。一个真正的接地是通过一个低电阻直接连接地面的。地球的电压是很难改变的——高斯定律告诉我们，任何送到接地的电荷都会均匀地分布在地球表面。由于需要大量的电荷才能显著地改变地球的电压，因此地球提供了一个很好的基准电压。

混合信号系统的电源通常提供独立于数字地的模拟地。数字信号可以产生很大的摆幅，产生与标称接地电压的变化。由于模拟信号对电源噪声特别敏感，我们希望将模拟电路与数字电路产生的噪声隔离开来。

安全是对电源的关键要求。交流电线路的电击可能是致命的。电源设计不当会引起火灾，即使是低电压也会损坏其他设备。必须仔细设计电源，使出现危险操作和故障的风险降到最低。

电池需要一些专门的规格，7.5节中将对它们进行讨论。

7.3 交直流电源

如图7.2所示，交直流电源工作分四个阶段。变压器阶段将交流电从一个电压转换成另一个电压。整流器阶段将来自接地电压之上和之下的交流电压转换为始终非负的波形。滤波器阶段将整流后的波形滤波为带纹波的直流波形。稳压器阶段降低了波形的纹波。

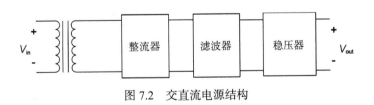

图 7.2 交直流电源结构

变压器是一对耦合的导体。变压器线圈通常绕在金属芯上以提高效率。在输入端的绕组称为一次侧绕阻，在输出端的绕组称为二次侧绕阻。二次电压由一次侧绕阻与二次侧绕阻之比决定：

$$V_s = V_p \frac{N_s}{N_p} \qquad (7.1)$$

可以用半波整流或全波整流来整流交流波形。图7.3显示了每种情况的示例：半波整流波形仅包括每个正弦波的一半；全波整流波形将每个正弦波的下半部分翻转过来。

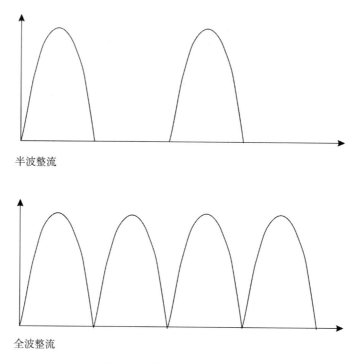

图 7.3 半波整流和全波整流

如图 7.4 所示，二极管足以进行半波整流。当处于反向偏压区时，二极管会切断波形的下半部分。当处于正向偏压区时，它会传导交流波形。全波整流利用如图 7.5 所示的二极管电桥。整流器的输出来自其两个内部端子。在输入波形的正侧，一对二极管导通；在输入波形的负侧，另一对二极管导通。这种巧妙的配置会翻转波形的负半部分，以创建全波整流波形。全波整流器比半波整流器效率高得多，因为半波整流器会丢弃一半的波形。

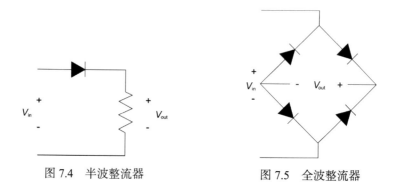

图 7.4 半波整流器   图 7.5 全波整流器

如图 7.6 所示，使用一个或多个电容器对整流波形滤波。电容器在整流波形上起到低通滤波器的作用。电容器越大，纹波越小。当整流波形达到最大值后，滤波电容器通过负载电流以恒定速率放电，如图 7.7 所示。

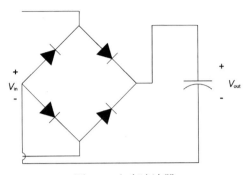

图 7.6　电容滤波器

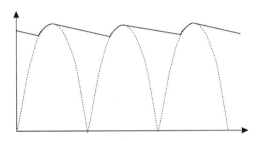

图 7.7　经过滤波整流的正弦波

在给定负载电流 I_L 下，可以求得滤波器输出的纹波。如图 7.8 所示，其电压在 V_H 和 V_L 之间移动，$2V_R = V_H - V_L$。纹波波形的周期等于正弦周期的一半：

$$t_1 + t_2 = \frac{T}{2} \tag{7.2}$$

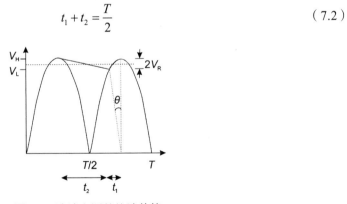

图 7.8　滤波电源的纹波估算

电容定律给出了纹波电压的简单估算：

$$I_L = -C\frac{\Delta V}{\Delta t} \tag{7.3}$$

$$V_R = \frac{I_L t_2}{2C} \approx \frac{I_L T}{4C} \tag{7.4}$$

要进行更准确的估计，需要求得电流放电斜坡和正弦曲线之间的截距：

$$V_L = V_H \cos\theta \qquad (7.5)$$

$$\theta = \arccos\left(1 - \frac{2V_R}{V_H}\right) \qquad (7.6)$$

由于

$$\frac{\theta}{2\pi} = \frac{t_1}{T} \qquad (7.7)$$

我们求得

$$t_1 = \frac{T}{2\pi}\arccos\left(1 - \frac{2V_R}{V_H}\right) \qquad (7.8)$$

可以使用 t_1 的这个值求得 V_R 的改进值：

$$V_R = \frac{I_L\left(\frac{T}{2} - t_1\right)}{2C} \qquad (7.9)$$

　　电源滤波电容器的额定值必须能够承受高压。一般将电解电容器用于过滤级。我们通常在滤波电容器上连接泄放电阻，以在电源关闭时释放电流；泄放电阻具有较高电阻值，以避免在运行期间排出过多的电流。

　　我们可以使用线性稳压器或开关稳压器来减少在最终输出时产生的纹波。简单的线性稳压器如图 7.9 所示。该电路使用达林顿对作为串联稳压晶体管 Q_1。

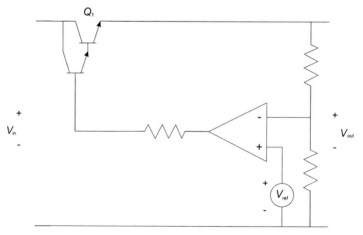

图 7.9　线性电源稳压器

　　稳压二极管通常用来产生基准电压源。稳压二极管被设计为在反向偏压下工作；与标准二极管不同，它们不会因反向电流而损坏。反向偏压可以通过生产工艺来控制，这使得稳压二极管可以在各种基准电压下制造。

分压器用于测量输出电压，并将其与基电压相比较。分压电阻的选择基于稳压二极管基准电压的选择。稳压二极管控制稳压晶体管。当输出低于基准电压时，稳压晶体管提供与输出电压和基准电压的差成比例的电流。当输出高于基准电压时，稳压晶体管关断，允许电源输出在向负载提供电流时下降。

我们也可以建立开关稳压器，以执行对输出电压的开关控制。比较器用于将输出电压与基准值进行比较。稳压晶体管用于开关模式而非线性模式。开关稳压器比线性稳压器提供的效率更高。但开关稳压器必须经过精心设计才可以避免振荡。

许多电源采用集成稳压器，集成稳压器能提供良好的电能质量和保护等功能。LM340[40] 是一种常见的三端稳压器。通过将电容器连接到它的输入和输出，它可以作为一种固定稳压器。用分压器代替输出电容器可以调节输出电压。它可以作为一个电流调节器，使用一个电阻将输出电流转换成电压进行调节。LTC 3780[34] 结合了降压和升压转换器，在低于和高于输入电压的电压下提供 DC-DC 转换。

7.4　电源变换器

电源变换器用于将一个直流电压电平转换为另一个直流电压电平，这个术语也用于直流交流转换器。虽然电源可以被设计为提供几种不同的电压水平，但我们经常使用电压转换器为电路的一部分提供专门的电压，而不是找到一个电源提供所有所需的电压。

三种常见的开关电源变换器是降压变换器（将高电压转换为低电压）、升压变换器（将低电压转换为高电压）和反激变换器（可设计为提供多种电压）。这些转换器都是非线性稳压器，它们非常有效，但也需要精心设计以避免反馈引起的不稳定性。

图 7.10 所示为降压变换器电路 [36]。在占空比的导通部分 t_{on}（$0 \leqslant D = t_{on}/(t_{on}+t_{off}) \leqslant 1$），我们关闭开关。当开关闭合时，电感器通电。通过电感器的充电电流随时间增加，如电感器定律所示：

$$\frac{V_L}{L} = \frac{V_{in} - V_{out}}{L} = \frac{dI_L}{dt} \tag{7.10}$$

电流波形是斜坡状，其最大值为

$$I_{max} = \frac{t_{on}(V_{in} - V_{out})}{L} \tag{7.11}$$

当开关断开时，电感电流向电容器放电，二极管提供电流连续性。电流以一定速度下降：

$$\frac{dI_L}{dt} = -\frac{V_L}{L} = -\frac{V_{in} - V_{out}}{L} \tag{7.12}$$

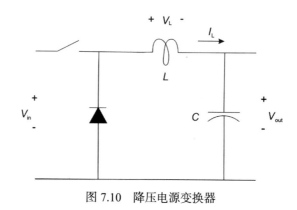

图 7.10　降压电源变换器

当电感器上的电压达到零时，电感器的电流就变为零。在占空比期间，电感器电压的净变化为零。虽然充放电波形的斜率可能不同，但我们知道充放电相位平衡：

$$V_{in}t_{on} = (V_{out} + V_{in})t_{off} \qquad (7.13)$$

改写为

$$V_{in}\frac{t_{on}}{t_{on} + t_{off}} = V_{out} = DV_{in} \qquad (7.14)$$

升压变换器的分析与之是类似的，如图 7.11 所示，但在这种情况下，$V_{in}\,t_{on} = V_{out}\,t_{off}$。

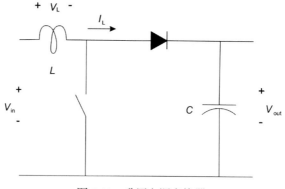

图 7.11　升压电源变换器

如图 7.12 所示，反激式稳压器的电路中也使用了变压器（"反激变压器"一词来自早期电视中使用的阴极射线管，它用来产生锯齿波，以返回穿过屏幕的阴极射线）。变压器的绕组比决定了输入电压和输出电压之间的关系。变压器上的点表明它的绕组具有相反的极性。ctrl 输入是一个脉冲宽度调制信号，用于切换变压器一次侧的开和关。当一次侧接通时，二极管防止二次侧电流给电容器充电。当一次侧断开时，存储在二次侧的能量用来给输出电容器充电。可以使用具有多个二次绕组的变压器提供几种不同的电源，每个二次绕组都有自己的绕组比，并连接到自己的二极管和电容器上。

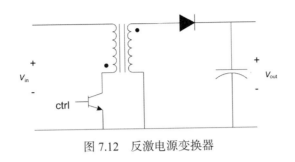

图 7.12　反激电源变换器

7.5　电池

电化学电池可以为电路提供电能。电池是一组电连接的电池，但我们经常用电池这个词来描述电化学存储装置。

电池最基本的特性是它的容量，以安培小时为单位。电池的 C 值与其容量相等，设计者有时用 C 来衡量充放电电流。电池的能量密度描述了其单位重量的容量。

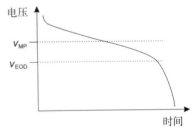

图 7.13　一种典型的电池放电曲线

图 7.13 给出了一个典型的电池放电曲线 [53]，可以通过它来了解一些其他的电池规范。当电池用来供电时，它的电压下降很慢。

中点电压 V_{MP} 位于电池工作区域的中间，用于描述电池的特性。不同类型的电池放电区域的斜率差异很大。当电池接近放电极限时，其电压下降得更快。放电终止电压 V_{EOD}，也称为寿命结束电压，标志了电池有效放电结束的点。

电池具有限制其峰值电流的等效串联电阻。电池的自放电率决定了电池充电的时间长度。

电池规格的细节因电池化学成分的不同而差异很大。经过几个世纪的时间，已经发展出了许多不同的化学差分。例如，碱性电池通常用于使用可更换电池的设备中。电子产品中最常见的可充电电池的化学成分是镍镉（NiCD）、金属氢化物镍（NiMH）和锂离子（LiIon）。

当电池放电时，我们可以监测电压，以确定电池何时将要达到放电终止电压。许多电池管理芯片提供信号指示电池何时达到跌落电压，在该电压下如果不重新充电，电池将不再可用。

充电方案可分为三类 [75]：

- 涓流充电提供低放电电流。

- 恒压充电在恒定的电池电压下工作。

- 恒流充电提供恒定的充电电流。

电池的确切充电周期取决于它的化学成分。锂离子充电周期从预充电涓流充电阶段开始，然后是恒流快速充电，最后是恒压锥形充电[2]。在高 *C* 值下的快速充电会产生过多的热量，从而损坏电池。快速充电器必须感知电池已充满电，并切换到慢速充电模式，以避免损坏电池；充电周期的结束通常由电压和温度的组合决定[54]。

快速充电速度也会导致电池充电不足，因为充电的化学过程随充电速度的变化而变化。

7.6 示例：线性稳压电源

设计用于调节 120V 电压的交直流电源会带来显著的安全风险。可以使用 Pspice 安全地探索电源电路。逐步建立线性稳压电源。

图 7.14 所示为一个带有变压器和全波整流器的简单电路的示意图。变压器的一次侧线圈与二次侧线圈的匝数比为 1:10，以将 120V 输入降至 12V。变压器二次侧线圈与全波整流器相连。图 7.15 显示了跨 1 kΩ 负载电阻的整流输出。

图 7.16 所示为未调节电源的 Pspice 原理图，它增加了一个输出电容器与负载电阻并联。为这个例子选择电容器的值，以产生明显的纹波。图 7.17 显示了未调节的输出。

图 7.18 所示为稳压电源。该电路使用稳压二极管作为电压基准，其击穿电压为 5.1V。选择向稳压二极管供电的电阻器以提供 20mA 的电流。R1、R3 构成的分压器设计用于将所需的 10V 输出电压划分为等于稳压基准电压的水平，其串联电阻被选择为高阻值，以将电源输出电流降至最低。

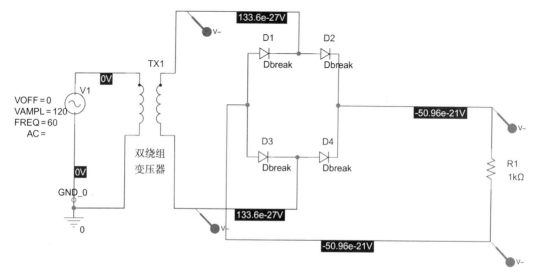

图 7.14 全波整流电路仿真原理图

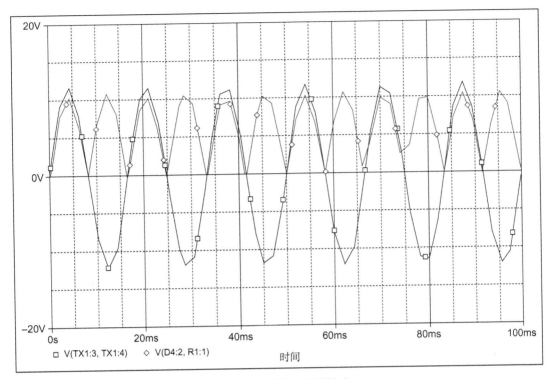

图 7.15　全波整流电路输出

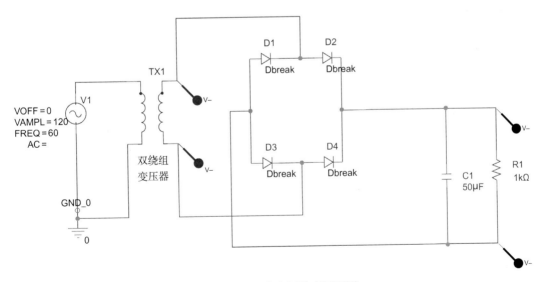

图 7.16　未调节电源仿真原理图

图 7.19 表明，稳压输出非常平稳，无须在负载上增加电容器。该图还显示了控制稳压晶体管的运算放大器输出。

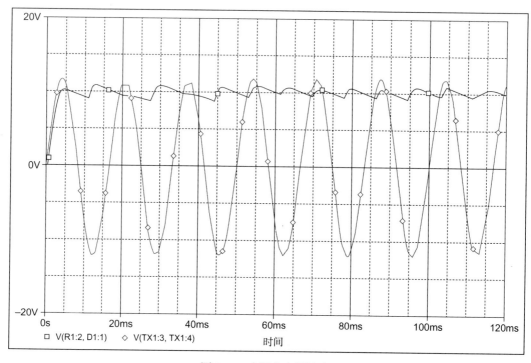

图 7.17 未调节电源输出

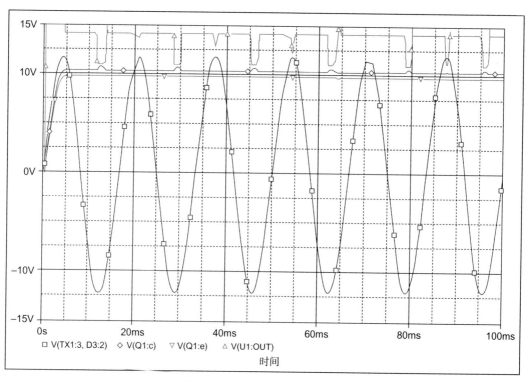

图 7.18 稳压电源仿真原理图

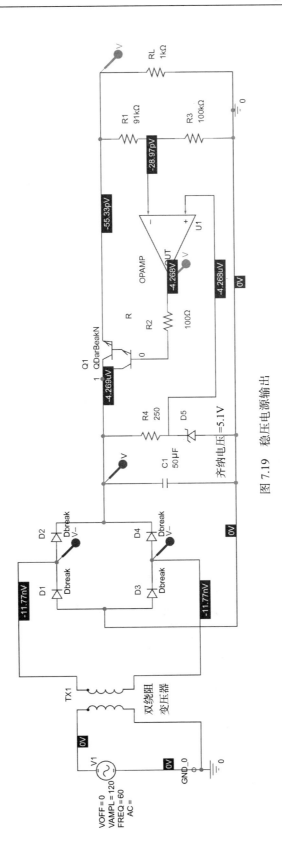

图 7.19 稳压电源输出

7.7 热特性及散热

我们需要控制电子产品的温度有以下几个原因：电路特性在较宽的温度范围内可能会发生显著变化，高温会导致元件更快地失效，非常高的温度可能会引发火灾。

半导体的一个关键热参数是最高结温 $T_{j,max}$。结温指的是半导体结温；如果这些结温超过规定温度，要么设备很快自行损坏，要么其热保护电路关闭设备。数字超大规模集成电路的最高结温值通常为 $T_{j,max}$=150°C，而功率半导体的额定值为 $T_{j,max}$=85°C。我们采用低功率设计及散热的组合方式，将所有半导体维持在 $T_{j,max}$ 以下，采用低功率设计以减少产生的热量，散热可以有效地去除设备的热量。

图 7.20 所示的 TO-220 散热片的设计与 TO -220 封装在机械上兼容，这种散热片在许多电子元件上使用。元件可以用螺栓固定在散热器上。元件与散热器的热连接可以改善散热情况。

对于许多系统来说，是进行风扇设计还是无风扇设计是重要设计决策。风扇大大提高了冷却效果，但会引入噪音。如果风扇用于降低元件温度，则外壳必须经过适当设计，以允许气流进出冷却区域。

可以使用热阻模型来分析元件的温度[74]。在这个模型中，热电阻类似于电阻，热类似于电流，温度类似于电压。如果电路不能产生足够的热量来大幅度提高环境温度，那么环境温度就可以被看作类似于电气接地。

许多元件都由制造商评定热阻。当一个元件连接到散热片时，系统的热阻较低。还可以在元件和散热片之间使用各种热化合物来降低从核心器件到环境的热阻。

图 7.20　TO-220 散热片及器件

图 7.21 显示了一个简单的热耗散问题的电路模型：元件耗散功率为 P，环境热阻为 θ。环境显示为接地，但它有一个非零参考值 T_A。元件温度 T_C 到环境温度 T_A 的温差 T 为

$$T_C = T_A + P\theta \tag{7.15}$$

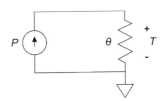

图 7.21　一种热耗散电路模型

半导体冷却目标是确保 $T_C < T_{j,max}$。

当一个器件没有安装在散热片上时，我们使用结至环境热阻 θ_{JA}。在许多情况下，该值由制造商给出。$\ominus$对于 TO-220 封装的 LM340 稳压器，$\theta_{JA}=54°C/W$[30]。当功耗为 5W，环境温度为 25°C 时，LM340 的结温为 295°C，显然过高。

当将器件连接到散热片上时，只需计算组件的热阻[3]：

$$\theta_{JA} = \theta_{JC} + \theta_{CS} + \theta_{SA} \tag{7.16}$$

其中，θ_{JC} 是接到外壳的热阻，θ_{CS} 是由器件和散热器之间的热糊状物所决定的外壳到散热片的热阻，θ_{SA} 是散热片到环境的热阻。对于 LM340 和 TO-220 封装，$\theta_{JC}=4°C/W$。可以使用典型值 $\theta_{CS}=0.1°C/W$。TO-220 散热器数据手册引用 $\theta_{SA}=12°C/W$ 表示无气流[30]。这使得 $\theta_{JA}=16.1°C/W$，$T_J=105.5°C$，在该器件的安全范围内。

使用风扇的主动冷却在结温上有很大差别。如果提供的气流为 5m/s，那么 $\theta_{SA}=4°C/w$，$T_J=65.5°C$。

热会使电气和电子元件更快地老化并失效。老化机制可以追溯到化学和物理过程。阿累尼乌斯方程描述了物理机制速率与温度之间的关系[52]，它已被证明适用于与老化有关的各种过程。方程的形式是

$$r = Ae^{-E_a/kT} \tag{7.17}$$

其中，r 是反应速率，A 是给定物理机制的阿累尼乌斯指前因子，E_a 是活化能。速率对温度的指数依赖意味着，每当温度上升 10°C 时，速率加倍。

电解电容器的老化是阿累尼乌斯方程[49]应用的一个例子。电解电容器的寿命与工作环境温度的关系为

$$L = L_0 2^{(T_{max}-T_a)/10} \tag{7.18}$$

其中 L_0 为电容器的规定寿命，T_{max} 为最高温度，T_a 为环境温度。

$\ominus$　查找这些值并不容易，国家半导体公司的 LM340 手册中将热阻值改在了脚注中。

铝电解电容器比某些类型的电容器有更高的损耗。因此，纹波电流产生热量。根据公式，任意频率下的纹波电流以标准频率作参照：

$$I = \frac{I_x}{k} \tag{7.19}$$

其中 I_x 为实际纹波频率，k 为该部分指定的系数。由纹波电流引起的电容器表面温度的升高值为

$$\Delta T_c = \frac{I^2 R}{\beta S} \tag{7.20}$$

其中 I 为纹波电流，R 为电容器的等效串联电阻，S 为电容器的表面积，以及

$$\beta = 2.3 \times 10^{-3} \cdot S^{-0.2} \tag{7.21}$$

电容器中心的升高温度为

$$\Delta T_j = \Delta T_s \left(\frac{I}{I_0} \right)^2 \tag{7.22}$$

其中，I_0 是电容器的额定纹波电流。

7.8 电源管理

大多数计算机系统中会用到通过软硬件结合实现的电源管理。系统可能会关闭当前未使用的设备，也可能以较低的电压和时钟速度运行某些设备以节省电源。

接口可能需要接受电源管理信号并关闭一些电路。上电通常是电源管理中最棘手的部分。动态设备中保持的任何状态都必须从非易失性存储器中恢复，在某些情况下，可以通过运行系统来重新计算。模拟电路在电路上电或断电时可能会显示瞬变，音频系统在上电 / 断电时的咔嗒声，或耳机连接或断开时，都是瞬变的典型例子。

延伸阅读

Sauvageau[50] 介绍了 USB 电源适配器的测试程序以及影响电源性能和安全性的设计特点。*Battery Reference Book*[15] 中描述了广泛的电池的化学物质组成。

问题

7.1 给定具有正弦输入的二极管桥式电路：

1）区域 a 中哪些二极管导通？

2）区域 b 中哪些二极管导通？

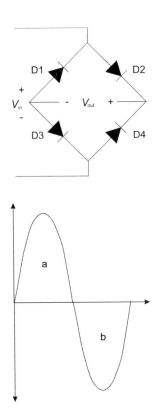

7.2 一个 12 V，60 Hz 电源包括一个 50μF 的输出级电容器。将纹波控制在 2% 以内的最大允许负载电流是多少？

7.3 画出降压变换器工作的波形，包括开关、V_C 和 I_L。

7.4 画出升压变换器工作的波形，包括开关、V_C 和 I_L。

7.5 集成电路耗散 10W，最大结温 $T_{j,max}$=150℃，环境温度为 20℃。

如果器件直接暴露在没有散热片的环境中，那么要使设备的结温低于规定的最大值，所需的封装热阻是多少？

如果与热阻 θ_{SA}=12℃/W 和 θ_{CS}=0.1℃/W 的散热片一起使用，那么封装的热阻必须是多少？

Embedded System Interfacing: Design for the Internet-of-Things (IoT) and Cyber-Physical Systems (CPS)

接 口 设 计

8.1 简介

经过前面的学习，我们现在已经拥有了一个用于接口设计的模拟和数字技术的工具箱，现在是时候将这些技术结合起来设计完整的接口了。接口本身是较大嵌入式系统的一部分，而接口设计过程是整个嵌入式系统设计的一部分。

嵌入式系统接口的设计可以看作两个边界的实现：

- CPU 上的软件与接口的数字硬件之间的边界。
- 接口的数字硬件与其模拟硬件之间的边界。

8.2 节主要对嵌入式设备常见应用案例的特性进行研究，8.3 节讨论接口的要求，8.4 节介绍嵌入式系统接口的体系结构，8.5 节介绍如何选择一个好的计算平台，8.6 节讨论了电路构建技术，8.7 节介绍了闭环控制系统，8.8 节测试硬件 / 软件边界，8.9 节开发了一个简单的驱动程序，8.10 节介绍了数字 / 模拟边界，8.11 节将这些概念放在一起作为接口设计方法的一部分。然后我们开发了两个例子：8.12 节中的拍手探测器和 8.13 节中的简单电机控制器。

8.2 嵌入式系统应用案例

了解嵌入式系统用例的特性有助于识别其接口的重要特征。

我们可以根据应用特性推断出处理器和接口的一些基本要求：

- CPU 性能是进行软件开发的关键驱动因素，满足性能要求所需的 CPU 类别这一条件也限制了可用的微控制器或片上系统平台及其相关接口。
- 采样率与软件负载有关，但也与接口的性能要求有关。
- 对外界的网络带宽要求可能会限制嵌入式平台内可用的互联带宽。

表 8.1 中估算了几种常见的嵌入式应用的需求：几千赫兹范围内的音频信号处理可用于音频以外的应用，闭环控制使用微控制器向机器提供命令并以特定的方式执行，事件处理会在环境中特定的改变发生时生成数据。

表 8.1　常见嵌入式应用案例的系统需求

需求	音频信号处理	闭环控制	事件处理
CPU 性能	高	中到高	低
采样率	高	中到高	低
网络带宽	中	低	低

8.3　接口规格

我们可以在接口上识别两种类型的规范，一种是对接口特性的要求，另一种是设计过程的属性。

由于接口需要处理信号，所以我们会对应用所决定的信号处理要求感兴趣，信号处理要求可能涉及时间要求和分辨率要求。

数据速率或采样率限制了信号的频率特性。处理的延迟通常很关键，模拟/数字和硬件/软件设计的选择可以通过处理信号的时间要求来确定。

信号的精度和动态范围反映了信号所需的分辨率。接口设计需要保留足够的信号动态范围，以便完成所需的处理。

功耗是许多设计的关键参数。靠电池供电的设备应设计为最大限度地延长电池寿命，同时高功耗也可能导致过度散热。

设计过程中必须同时考虑制造成本和接口的设计时间。两者都很重要，而且两者可能相互矛盾。接口的成本取决于所选的组件以及制造相关电路板的成本，设计时间本身就是一种成本，并且设计时间也可能延迟产品的部署。更简单的接口设计可能会增加制造成本，还可能增加系统软件的开发成本。但相反地，需要更多设计工作的更复杂的接口设计可以降低制造成本。

8.4　接口的体系结构

图 8.1 显示了描述各种接口的体系结构模板。其中，总线与为应用程序提供软件接口的数据和状态寄存器相连，模式有限状态机（Finite-State Machine，FSM）控制接口的操作，数字和模拟子系统对来自物理世界的实际信号进行处理，用户控件为用户提供了控制与 CPU 分离的接口的方法。

接口寄存器提供微控制器和接口设备共享的唯一可见状态，任何对接口的软件控制都必须通过操作寄存器来完成。通常可以将接口寄存器分为模式寄存器和数据寄存器两类，其中模式寄存器控制操作，而数据寄存器提供数值。这些寄存器中，一些可能是只读的，而另外的寄存器可能是可读写的。

接口操作可以视为有限状态机。模式有限状态机可以是实现为逻辑门和寄存器的显式状态机，也可能隐含在接口电路的操作中。接口根据自己的行为转换模式，微控制器检查状态、操作数据，并可以改变模式寄存器以使接口的有限状态机改变状态。一个非常简单的接口有限状态机如图 8.2 所示。当设备完成操作时，接口处于空闲状态，通过改变模式寄存器，微控制器可以发信号通知接口进入就绪状态并执行另一个操作。

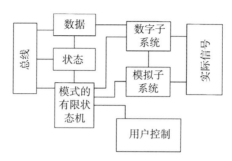

图 8.1   接口的体系结构模板

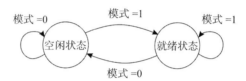

图 8.2   一个简单的接口模式的有限状态机

8.5   选择正确的平台

除了接口设计能力以外，接口设计人员并不都有选择计算平台的能力。我们有时不得不接受一些微控制器或 SoC 的特性，这些特性并不是为了获得某些嵌入式接口的特性而选择的。无论由谁来选择计算平台，这些特性都会影响接口的设计。

硬件平台包括几个相关组件：

- 处理器（如果是高性能系统，则为多个处理器）。一些处理器可能仅提供有限的可编程功能，如许多视频加速器的情况。
- 平台提供的一组 I/O 设备。
- 总线接口。
- 软件开发环境。

软件平台包括：

- 硬件抽象层（Hardware Abstraction Layer，HAL），板级支持包（Board Support Package，BSP）或基本输入 / 输出系统（Basic Input/Output System，BIOS）。
- 设备驱动程序。

● 一个执行或操作系统。

如果平台是由多个芯片构建的，则可以在一定程度上将这些平台的选择分开处理。然而，现代平台通常采用单芯片微控制器或片上系统的形式，在这些情况下，平台选择过程必须平衡这些潜在的竞争因素。

CPU 性能决定了系统功能的哪些部分可以由软件实现。CPU 性能可能会使某些功能无法快速执行，导致强制性的绝对限制，例如，数字过滤操作。但即使如此，除此之外的其他应用也可以作为性能评估的参考因素。无论一个系统提供多少性能，如果具有大量软件负载，该系统面向接口的操作周期都会很少。

我们应该记住的是，CPU 性能取决于许多因素。CPU 指令集或微体系结构没有最佳选择，适用于一个工作负载的 CPU 可能并不适用于另一个工作负载，在评估 CPU 的性能时，不应该基于通用工作负载，而应基于反映目标应用特征的工作负载来进行。

CPU 利用率是实时嵌入式系统的关键指标。利用率定义为给定间隔 T 内一组任务 C_i 占用的 CPU 执行时间比，即：

$$U = \frac{1}{T} \sum_i C_i \qquad\qquad (8.1)$$

我们经常将利用率表示为百分比。在工作过程中，随着工作负载的变化，利用率可能会有所不同。我们通常更关注任意时间间隔内最坏情况下的利用率，在最坏情况下，由于不能使 CPU 利用率超过 100%，因此需要获得的 CPU 时间比可以获得的 CPU 时间更多。CPU 的最大可用利用率部分取决于所使用的实时调度算法。

中断延迟是高速 I/O 处理的关键设计参数。CPU 本身可以将数十个时钟周期的处理时间引入中断，中断驱动程序本身在保存和恢复寄存器时也会增加更多开销。

I/O 处理所需的算术精度受 CPU 的影响。我们总是可以组合较小的字来执行更宽的整数运算或在软件中执行浮点运算，但软件实现的扩展运算需要额外的 CPU 时间。

平台带有一系列 I/O 设备和接口。这些项目所需的设备或接口不是基本平台的一部分，必须将它们整合到接口中。很少有现代芯片会直接将 CPU 总线与设备连接。通用 I/O（General-purpose I/O，GPIO）引脚是一种常见的接口，这些引脚易于使用，但只能提供适中的速度。一些芯片会提供外部 DRAM 接口用于其他设备连接，这样的接口速度会更快，但设计也更具挑战性。

I/O 系统的总线性能。总线吞吐量与总线宽度和总线时钟周期时间的乘积成正比，CPU 总线采用不同的设计点，可提供不同的成本与性能的折中。虽然高性能总线提供更快的 I/O 速度，但它们也需要更复杂的接口设计，以便连接到它们的外围设备。

软件开发环境（Software Development Environment，SDE）将影响整个开发过程。软件开发环境的功能不仅决定了代码的开发方式，而且其调试功能将影响从软件端到使用逻辑分析仪等测试仪器完成的接口调试。集成开发环境（Integrated Development Environment，IDE）为软件开发环境中的工具提供了图形用户界面。

在平台的软件方面，我们可以识别几个基本组件，其中一些可以随 CPU 或开发板一起提供，而其他组件需要单独购买。大多数系统使用低级例程来提供基本功能：启动、实时时钟等。这种低级软件的名称可以是以下任何一个：硬件抽象层、板级支持包或 BIOS（来自 IBM 个人计算机的术语）。

图 8.3 显示了嵌入式系统软件组织的分层图。硬件平台位于底层，硬件抽象层提供基本的软件功能，驱动程序可以通过 HAL 函数工作，也可以直接在软件上工作。可执行程序或操作系统控制那些应用程序级功能的任务的操作。

图 8.3　嵌入式系统的分层图

虽然硬件抽象层可以为诸如 USB 的标准功能提供一些驱动程序，但是设计者还是需要提供其他驱动程序，接口的驱动程序必须设计。驱动程序设计的细节取决于所使用的操作系统或执行程序的类型。我们将在 8.8 节和 8.9 节中更详细地讨论驱动程序设计。

执行一词是简单操作系统的早期术语。实时操作系统专门为 I/O 和流程执行提供实时响应而设计。Linux 广泛用于嵌入式设备，但并非所有版本的 Linux 都旨在为 I/O 和实时操作提供高响应性能。

我们将顶层软件单元称为任务，每个任务都是保证在有限时间内终止的单个执行线程。任务可能会偶尔或定期运行多次，完整的应用程序可能由多项任务组成。

具有少量任务的系统可以使用中断来管理任务执行，定期任务可以由计时器控制，偶发事件也可用于触发中断。鉴于微处理器具有有限数量的中断线，这种方法不能扩展到处理大量任务的情况。

在简单的实时系统中，循环执行程序[6]可为周期性任务提供可预测的计时行为。如果每个任务都有自己的周期，则任务激活类型的长度与任务周期的最小公倍数（也称为任务周期的超周期）相等。超周期定义了执行操作的主要周期，时间表是主要周期中任务的执行顺序。小周期必须与任意任务的最短周期一样小。通过中断每个小周期调用或启用一次执行程序，它通过主要周期结合来跟踪进度，以控制执行什么任务。

图 8.4 给出了一个简单循环执行的伪代码。执行程序包含在一个 while（TRUE）循环中。定时器中断使得该定时器的中断处理程序 timer_ISR() 将标志 minor_cycle_flag 设置为 1，该标志主例程可见，之后通过修改计数器 minor_cycle_count 来更新当前二级循环次数的值。在该例中，只有在设置了标志，即另一个二级循环已经完成时，执行过程才会继续，程序通过重置标志来准备下一个二级循环。然后，程序根据计数器的值决定下一次循环时，应该执行哪部分代码。具体的任务在函数中实现，每项任务必须在有限的时间内终止。函数执行完成后返回，执行程序接收到函数执行结束的返回值后等待下一个二级循环的结束。

```
int minor_cycle_count = 0, /* 二级循环执行次数的计数值*/
    minor_cycle_flag = 0; /* 二级循环界限标志*/

void timer_ISR() { /* 定时器中断响应函数 */
    minor_cycle_flag = 1; /* 设置标志使二级循环可执行 */
    /* 更新计数，如果需要，将计数清零 */
    if (++minor_cycle_count == HYPERPERIOD) minor_cycle_count = 0;
}

void main() {
    while (TRUE) {
        while (!minor_cycle_flag); /* 等待定时器中断 */
        minor_cycle_flag = 0; /* 重置标志使二级循环不可执行 */
        switch (minor_cycle_count) {
            case 0: major_0(); break;
            case 1: major_1(); break;
            /* …其他二级循环执行次数的处理函数 */
            default: executive _error();
        }
    }
}
```

图 8.4　一个循环执行的过程

实时操作系统（Real-Time Operating System，RTOS）使用抢占式多任务处理机制。计时器用于在每个时间片完成时调用一次操作系统。在操作系统的每个时间片占用完成时，都会保存所执行任务的当前状态，此时由实时操作系统来确定接下来哪个任务线程可运行，并恢复所选任务的状态。实时操作系统通常支持基于优先级的调度策略，运行最高优先级的就绪任务。

8.6　构建技术

一些电子构建技术专为了实现一次性原型而设计，还有一些电子构建技术是用于多单元电路板的制造。

图 8.5 所示是 20 世纪 20 年代早期由费城的 Atwater Kent 制造公司制造的收音机。由于匹兹堡的 KDKA 的开放以及商业无线电广播技术的诞生，收音机在几个月内从深奥

的实验设备变为富裕家庭的重要电器设备。Atwater Kent 制造公司在像这样的电路板上制造了几个无线电模型。当时这些板子被放在厨房中用来切面包，后来这些板子就称为面包板。该公司宣称面包板结构是展示其高质量部件的一种手段，也可能是因为无线电市场扩张速度惊人，面包板成为构建电路的主流基础。尽管原始的面包板这个术语指的是昂贵的制造设备，但后来面包板发展为表示建立在带有点对点手工布线的电路板上的原型电路。

图 8.5　Atwater Kent 制造公司制造的收音机

　　图 1.16 的原型设计模块可以轻松构建某些特定类型的电路，即双列直插式封装电和带有扩展引线的元件的电路。没有适配器的辅助，原型板无法连接到表面贴装设备。由于布线松动和连接本身的问题，原型板容易产生较大的寄生值。

　　早期的印制电路板（Printed Circuit Board，PCB）制造依赖于元件和电路板之间的通孔连接方式。如图 8.6 所示，在 PCB 板上钻一个孔并镀铜，将元件引线插入孔中，然后用焊料填充。现代 PCB 主要使用表面贴装连接，将引线焊接到电路板表面的铜焊盘上来实现连接，现在在一些芯片底部的阵列中会提供焊料凸点用于焊接。

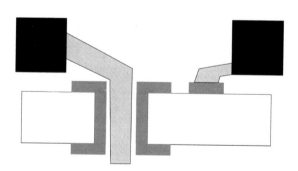

图 8.6　PCB 上的通孔连接盒表面贴装连接方法

8.7　控制和闭环系统

　　反馈控制是控制各种物理设备（如机械设备、电气设备、化学设备）的基本工程技术。反馈控制器通过计算实际输出和期望输出之间的差异来产生误差信号。控制定律定义了控制器响应，该控制器响应命令设备调整其状态以使产生的输出更接近期望值。反馈控制系统的框图如图 8.7 所示，该命令在连续时间情况下为 $X(t)$，在离散时间情况下为 $x(n)$，对应的误差信号是 $E(t)$ 或 $e(n)$，对应的控制器输出为 $K(t)$ 或 $k(n)$，系统响应是 $Y(t)$ 或 $y(n)$。

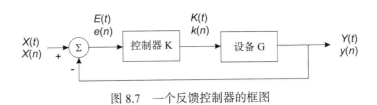

图 8.7　一个反馈控制器的框图

我们通常基于其阶跃响应来指定控制系统，该阶跃响应表示其对命令的瞬时变化的响应。用于描述阶跃响应的三个特征如下：

- 上升时间是从命令发出到响应第一次达到指定值的时间，通常是渐近响应的 90%。
- 过冲是响应的最大值。
- 稳定时间是响应在一定量的渐近响应中有界的时间，典型值为 ±1%。

一种经典的方法将设备和控制器建模为线性系统，物理设备的典型二阶传递函数为：

$$G(s) = \frac{1}{as^2 + bs + c} \tag{8.2}$$

如果控制器的响应为 $K(s)$，则闭环传递函数为：

$$H(s) = \frac{K(s)G(s)}{1 + K(s)G(s)} \tag{8.3}$$

比例 – 积分 – 微分（Proportional-Integral-Derivative，PID）控制定律[22] 提供了所需混合特性，并将之广泛使用。顾名思义，PID 控制定律包括比例、积分和从其中衍生的其他概念，每个概念都有不同的权重。比例组件提供对命令输入的基本响应，积分组件确保控制器具有零渐近误差，衍生组件的调整可以提供对新命令的快速响应。

下面是 PID 控制定律的连续版本：

$$K(t) = K_{\mathrm{p}}E(t) + K_{\mathrm{i}}\int_0^t E(t)\mathrm{d}t + K_{\mathrm{d}}\frac{\mathrm{d}E(t)}{\mathrm{d}t} \tag{8.4}$$

控制器增益 K_{p}，K_{i}，K_{d} 确定给予控制定律的每个分量的相对权重。PID 控制定律的连续形式可以转换为离散形式：

$$K(n) = K_{\mathrm{p}}e(n) + K_{\mathrm{i}}\sum_{0 \le k \le n}e(k) + K_{\mathrm{d}}\left[e(n) - e(n-1)\right] \tag{8.5}$$

将以上形式进行修改，使之区分控制输出 y 而不是误差信号 e，以避免在控制定律中命令发生急剧变化而产生大导数项，修改后的形式如下：

$$K(n) = K_p e(n) + K_i \sum_{0 \leqslant k \leqslant n} e(k) + K_d \big[y(n) - y(n-1) \big] \qquad （8.6）$$

一个 PID 控制器是典型的二阶系统，见式（8.7）。

$$K_{PID}(s) = K_p + \frac{K_i}{s} + K_d s \qquad （8.7）$$

它的响应可以采用两个指数或一个阻尼正弦曲线之和的形式。闭环系统的响应取决于设备。例如，考虑一阶设备：

$$G(s) = \frac{1}{(s + p_1)} \qquad （8.8）$$

该设备具有渐近接近最终值的指数响应。当在设备周围缠绕 PID 控制器时，系统响应变为：

$$H(s) = \frac{K_d s^2 + K_p s + K_i}{s(s + p_1) + K_d s^2 + K_p s + K_i} \qquad （8.9）$$

通过 PID 控制的系统具有二阶响应，在该类响应中，可适当调整控制器增益，使系统响应更快。

理论上，我们应该知道设备传递函数的参数，从参数中可以根据上升和稳定时间来确定控制器增益。在实际情况下，我们并不总是清楚设备的参数。在这种情况下，可以对系统进行试验，凭经验确定控制器增益。

复杂控制系统可能会根据某些条件，如用户输入、所显示负载的更改等来改变其响应。混合控制将模式指定为可指定控制器参数的状态，混合控制设计时需要检查模式变化时的系统响应是否符合平滑等特性。

我们需要为数字控制器选择采样率。我们希望控制采样率远高于控制传递函数的最高频率极点。

8.8　硬件/软件边界

CPU 上运行的软件与接口硬件之间的功能划分是接口设计中的基本设计内容。我们可以扩展需求，以确定影响软硬件应用决策的几个因素。

- 算法复杂性。有些算法由于算法规模或执行操作的性质原因，很难实现为模拟或数字电路。
- 灵活性。这里说的灵活性有多种表现形式。在安装系统后我们可以对软件例程进行更改，软件也可以通过提供操作参数来实现调整，而无须改变代码本身。软件的更新和修改肯定比硬件接口的更新和修改更容易。给定功能的参数越多，将这些参数应用于硬件实现就越昂贵和困难。

- CPU 利用率。接口的实现可让 CPU 从某些处理操作中解放出来。高速的数据处理对软件尤其重要，所以在进行接口设计时要平衡 CPU 的处理速度成本与硬件接口的复杂性成本。

- 采样率。CPU 处理数据的速率会受到一些基本限制。中断处理、实时操作系统开销和软件的性能都会限制 CPU 执行计算的速度。而接口可用于识别事件或对信号进行下采样，其执行速度不会被其他因素影响。

- 数值精度和动态范围。信号上的最小值和最大值之间的范围确定表示信号所需的比特数以及该表示是固定点还是浮点。虽然浮点单元可以用硬件构建，但这种设计相对复杂。具有较大位宽的数字表示增加了硬件数据路径的大小。相反，软件编号表示可能占用更多存储器，但存在用于具有不同精度的若干不同数字表示的 CPU 机制。

- 延迟。软件处理增加了中断处理和实时操作系统机制的延迟，且有些操作可能需要多个指令才能完成。而数字接口可以提供低延迟，模拟接口可以具有高响应性。

许多器件都会利用微控制器的中断接口。中断系统允许设备将 CPU 中的执行流程更改为中断处理程序，也称为中断服务程序（Interrupt Service Routine，ISR）。ISR 中的操作是在中断定义的硬件优先级下执行的，操作系统无法控制这些优先级。硬件中断将阻止其他包括操作系统任务在内的软件任务，这样做的结果可能会违反系统的实时属性。ISR 应执行服务中断所需的最小操作，其他任务可以在受操作系统控制的软件任务中执行。

如图 8.8 所示，当数据从输入移动到输出时，数据的处理流程涉及几个不同的软件对象，其中中断服务程序负责处理自己的输入和输出任务。软件任务完成处理工作，输入软件任务的数据会首先通过一个缓冲区，任务中存在另一个缓冲区负责处理从任务中输出的数据流。图 8.9 显示了数据处理流的 UML 序列图。

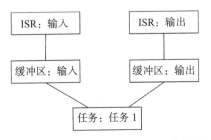

图 8.8　数据处理对象的 UML 对象图

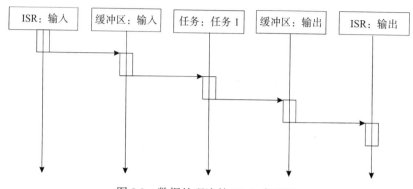

图 8.9   数据处理流的 UML 序列图

图 8.10 显示了一个驱动程序的 UML 状态图。在开始加载时，驱动程序通常检查设备的状态以了解需要执行什么类型的服务，根据状态检测结果，驱动程序选择读取或者写入数据；然后，更新设备的状态确定需要执行什么服务，例如，启用其下一个操作。

图 8.10   一个驱动程序的 UML 状态图

8.9   示例：一个简单的驱动器

我们可以通过简单的字符串输出接口更好地理解驱动程序设计。虽然该设备本身的实际应用有限，但它没有不必要的复杂性，简单地说明了驱动程序中的基本概念。本例的设备用于以一次一个字符的方式输出一串字符。

图 8.11 显示了该字符接口的框图。该设备包括三个寄存器，其中有两个 1 位寄存器和一个 8 位寄存器。字符输出任务将字符写入 char 寄存器，然后将 ready 设置为 1。外部系统在处理完字符时将 ack 设置为 1。ack 寄存器的输出直接连接到中断逻辑，而 ready 和 char 连接到地址逻辑，通过与地址逻辑的连接可将它们映射到 CPU 的存储空间。

图 8.12 显示了有限状态机（Finite-State Machine，FSM）模式的状态转换图。设备通常处于空闲状态。当 ready 被设置为 1，即数据准备就绪时，设备开始输出当前字符，在收到确认时设备进入处理完成状态。当任务重置完成位 done 时，接口返回空闲状态。该设计是隐式模式 FSM 的示例。接口状态由状态位的组合值来确定，在本例中，状态转换完全由外部输入引起，没有其他逻辑的加入。表 8.2 显示了状态位到状态名的映射，其中代码 01 未使用。

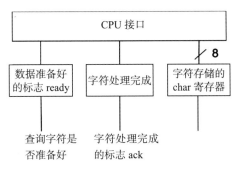

图 8.11　一个简单的字符输出接口的框图

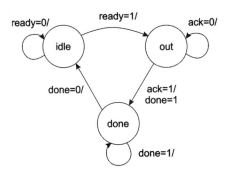

图 8.12　字符输出接口的模式有限状态机

表 8.2　字符输出设备 FSM 的状态编码

状态	编码（就续、完成）
空闲	00
输出	10
完成	11

这种设计可以扩展为使用 DMA 的设计，DMA 控制器将直接与硬件交互以输出字符串。在这种情况下，可能需要调整设备状态机，使之与 DMA 协议兼容。鉴于 DMA 对字符流施加规则的定时，接口的另一侧可能会丢弃某些字符。

图 8.13 和图 8.14 分别显示了字符输出任务和接口驱动程序。图 8.15 给出了字符输出接口操作的 UML 序列图。该任务通过加载字符并设置就绪状态位 ready 来启动字符输出。当接口收到 ack 信号时，会产生一个激活驱动程序的中断。反过来，驱动程序通过设置 char_done_flag 位告诉任务字符已经输出完成。

```
void char_string() {
    pos = 0;
    while (pos < MAXPOS) { /* stop at end of string */
        poke(CHAR_CHAR,string[pos++]);
            /* set next character, update index */
        poke(CHAR_READY, 1); /* start the device */
        while (!char_done_flag); /* wait for character to finish */
        char_done_flag = 0;
    }
}
```

图 8.13　字符串输出任务的实现代码

```
void char_driver() {
    if (!peek(CHAR_DONE)) error(); /* sanity check */
    poke(CHAR_READY, 0); /* reset ready */
    char_done_flag = 1;
}
```

图 8.14 字符输出驱动程序

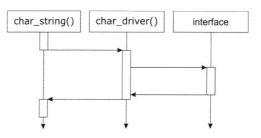

图 8.15 字符输出接口操作的 UML 序列图

8.10 模拟 / 数字边界

接口的模拟 / 数字边界决定了接口的一些重要特性。当然，有些信号本身就是模拟信号。但是，我们经常可以选择在将信号转换为数字形式之前对模拟形式的信号执行多少处理。

- 信号特性。某些信号可能不适合数字逻辑。在切换到数字逻辑之前，非常小或非常大的电压或电流可能需要预先进行调节。
- 动态范围。对信号的处理可能会影响其动态范围。
- 温度敏感度。模拟电路对温度更敏感。元件值随温度变化，会导致电路特性变化。虽然模拟电路也可以设计得耐温度变化，但数字逻辑电路对温度变化的容忍能力更高。
- 能量消耗。与等效数字逻辑电路的情况相比，模拟电路通常消耗更少的功率来执行给定的功能。
- 成本。在执行一些重要的操作时，如果采用模拟电路，所需的模拟电路具有非常少量的组件且非常简单，而等效的数字设计可能更昂贵。
- 延迟。模拟电路中的少量组件通常转换为非常低的延迟。

8.11 接口设计方法

接口设计是嵌入式系统设计的一个阶段。与任何子系统一样，我们希望尽可能将其详细设计与系统其余部分的设计分开，但需要将系统设计对接口设计过程（包括需求、规范、架构和测试）的需求发送给接口设计者，作为进行接口设计时所遵循的原则。

系统的要求和规范包括对接口需要处理的信号的要求，包括：

- 输入和输出信号。
- 模拟与数字值。
- 对于模拟信号来说，信号电平和动态范围。
- 对于数字信号来说，逻辑电平和时序参数。

要求和规范还包括对这些信号执行的处理的相关内容，包括：

- 采样率。
- 算法。
- 延迟。

需求阶段还需要考虑设计工作和制造成本方面的经济因素。

基于这些要求，在体系结构设计阶段进行软/硬件边界的设置，在这一软/硬件功能划分的过程中需要确定哪些处理在 CPU 实现，哪些处理在接口中执行。硬件/软件边界的划分部分取决于采样率和算法复杂性等技术因素，这些因素定义了可行设计集的设计空间。此外，经济因素进一步制约了可行的设计空间。

图 8.16 说明了设计划分的决策过程。信号的采样率是确定功能划分的关键因素，根据信号采样率确定使用 CPU 上的软件完成哪些操作，在接口硬件中完成哪些操作。一旦确定系统的哪些功能通过硬件实现，组件成本和噪声是有助于确定应使用数字逻辑或模拟电路构建哪些功能的两个重要因素。

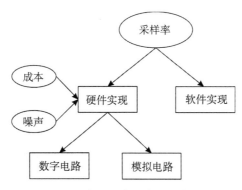

图 8.16   接口设计的功能划分过程

组件选择是设计过程中的一个关键部分。虽然不急于在开始时就对一些组件进行选择，但对主要组件的选择却是架构设计阶段的一部分，因为一些模拟和数字组件的特性将决定接口其余部分的设计。通常，我们会从目录中选择组件，这些目录通常为在线版本，也有纸质版目录。目录可能来自制造商，并由制造商对其制造的组件进行描述，目录也可能来自提供多个制造商产品的供应商。搜索工具是缩小组件选择范围的重要辅助工具，许多网站允许你输入一个或多个用于缩小搜索范围的关键词。通常，输入一些参数会将组件选择范围缩小到很小。如果给定搜索没有结果，则需要重新选择参数并找到适合组件的可选范围。原理图获取工具还提供组件及其参数的数据库，这些数据库允许你在订购之前进行组件的实验。

此时，接口的设计可以相对独立地进行，比如一些设计的执行可以相对独立于处理器平台。模拟设计可以结合使用模拟器和面包板电路进行，数字计算单元可以使用标准 HDL 技术进行。然而，对处理器的接口可能需要进行原型设计，因为制造商通常不会为 CPU 总线接口提供 HDL 模型。虽然可以将模型构建为设计过程的一部分，但是针对工作总线运行接口有助于建立对设计的信心。

接口测试相较软件测试更为复杂。首先，正如刚才看到的，我们可能没有 CPU 总线接口的可执行或可模拟模型，测试总线接口的唯一方法是将其插入系统，并且这一步还需要搭建软件。其次，模拟测试信号不能作为数据文件捕获，数字测试序列也是如此。文档中应该仔细描述模拟测试设置，包括产生什么信号、用于产生这些信号的设备以及在模拟电路上进行的验证这些信号的行为的测试。

8.12 示例：拍手检测器

拍手检测器是实现过滤和检测功能的一个很好的例子。我们可以使用几种不同的软 / 硬件功能划分来设计拍手检测器。可以完全使用模拟电路构建拍手检测器，然而，对于纯模拟的检测器来说，拍手检测参数很难调整。在实际的应用中，我们可能希望根据音频环境调整级别，需要根据回声量调整转换和持续时间。

如图 8.17 所示，一次拍手会以经典的阻尼指数形式产生音频信号，拍手时的大阻尼会导致尖锐的声音。图中波形表明，在设计检测器架构时，允许大幅降低 CPU 的采样率。我们并不关心音频信号的细节，对我们来说，有拍手时的包络信号就足够了。可以使用类似于 5.13 节中所见的包络检波器来校正和滤波波形。低通运算放大器滤波器可以为 ADC 提供比原始音频滤波器更加平滑的信号。可以使用将输入波形与指数模型进行比较，计算其相关性的方式来检测波形。

图 8.18 显示了拍手检测器的实现框图。包络检测对输入信号进行整流和滤波，ADC 生成采样波形，检测器将采样波形与拍手指数模型进行比较。低通滤波器允许我们以低于完全音频清晰度所需的采样率来操作模拟 / 数字转换器。这里，降低采样率会降低 CPU 利用率和条件操作所需的缓冲区大小。

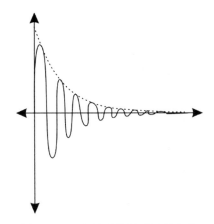

图 8.17　一次拍手的波形及其包络

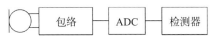

图 8.18　拍手检测器的实现框图

8.13　示例：电机控制器

电机控制电路能够提高系统容量，并提供更高的控制精度。在电机运行过程中，不能只是设定一个给定的功率，并假设它会以所需的速率运行，因为外部的干扰可能引起速率的变化，为了使电机以所需的速度运行，可以使用反馈来调整功率，即可以测量电机的速度并调整其驱动以保持我们想要的速度。可以更进一步建造一个停在指令位置的电机，并可以随意转到新的位置。

直流电机有以下几种不同的设计：

- 有刷直流电机是老式电机，带有换向器电刷，可与电机绕组交替连接，以保持电机旋转。
- 无刷直流电机没有换向器电刷。相反，它使用控制器来切换到电机绕组的连接。
- 伺服电机用于停在不同位置。
- 步进电机比伺服电机具有更多的电极，提供更精细的控制。

电机产生的扭矩与其电流成正比 [10]：

$$T = K_t I \tag{8.10}$$

电机线圈的运动引起反电动势，反电动势可抵消施加到电机的电压。反电动势 V_e 取决于电机轴的转速或角速度：

$$V_e = K_e \dot{\theta} \tag{8.11}$$

电机有多种规格，其中一些与控制无关。电机的工作电压、最大电流和最大转速都取决于电机设计的特性，与实加到电机的控制无关。电机特性需要与电机驱动结构的要求相匹配。

下面给出一个通过使用在线目录来选择电机的简单示例。各种站点允许用户首先选择直流电机作为一个类别的选择，然后指定几个关键参数，包括速度、扭矩、电压等对该类下的电机进行过滤，在本例中，我们的设计将使用如下电机 [43]：运行于 6V，0.23W，电机在最大效率点时以 2089 转 / 分的速度旋转。

如图 8.19 所示，使用脉冲宽度调制（Pulse-Width Modulation，PWM）来改变电机的速度，可以将这种技术应用于有刷和无刷电机。如果连续施加电源电压，电机将以某个最大速度运行。当减小电源的占空比 D 时，电机在关闭间隔期间进行滑行，其平均速度线性地取决于电源工作循环。我们可以通过反转电源相对于电机端子的极性来反转电机的旋转方向。

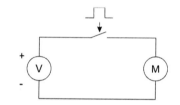

图 8.19　脉冲宽度调制确定电机速度

占空比分辨率是占空比的最小允许变化值。该分辨率决定了我们调整电机速度的精度。

脉宽调制功能通常实现为硬件模块，完全在软件中执行脉宽调制功能需要 CPU 的处理频率能达到电机脉冲宽度调制的要求。如图 8.20 所示，脉宽调制单元由定时器和比较器组成。定时器计数时钟脉冲，其周期决定了脉宽调制周期。一个单独的寄存器保存一个比较值，用于确定脉宽调制输出何时从高电平变为低电平。由于定时器周期是定时器时钟周期和定时器计数范围的乘积，因此可以通过选择定时器时钟周期和定时器位宽的适当组合来调整脉宽调制单元的分辨率。脉冲宽度调制也可以通过硬件和软件的组合实现：两个定时器跟踪脉宽调制周期并比较周期，软件负责根据两个定时器的状态切换脉宽调制输出值。

有两个特性与电动机控制器的设计直接相关。电机速度精度不但部分取决于控制算法，也取决于用于测量轴转速的传感系统的精度。我们希望，相对于用于测量轴速度的计时器的精度来说，轴转速能更慢一些。如果轴的转速与定时器的速率相似，则轴速度的微小变化可能导致较大的测量误差。响应时间测量设置一个新速度的命令与电机在一定精度下达到该速度的间隔时间。可以将响应时间建模为阶跃响应，并依据相应时间的规范使用经典控制理论方法设计控制器。

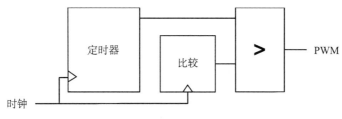

图 8.20　一个 PWM 单元的框图

　　H 桥广泛用于控制电动机并允许电源以任一极性给电动机供电。H 桥的逻辑组织如图 8.21 所示，H 桥与用于整流 AC 信号的全波二极管桥有关。H 中间的电压取决于 H 的支路上 4 个开关的控制信号值 a、b。如图 8.22 所示，通过设置 $a=1$，$b=0$ 将输入电压 V 施加到具有左侧正电压的电桥上，而通过设置 $a=0$，$b=1$ 反转其与输入电压的连接来反转电桥上电压的极性。在某些应用中，我们希望能够将桥与输入断开，因此不一定需要 $a=b$。

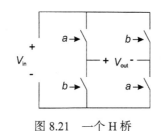

图 8.21　一个 H 桥

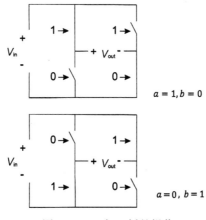

图 8.22　一个 H 桥的操作

如图 8.23 所示，半 H 桥通常用于电源和驱动电路。顾名思义，它提供了两个开关，允许在具有相反极性的终端之间进行连接切换。在电动机应用中，LC 槽通常串联到底部回路，以在电动机未连接到高电源电压时产生振荡。

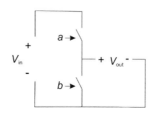

图 8.23　一个半 H 桥电路

H 桥集成电路将 H 桥功能与驱动电路相结合，可提供感性负载所需的大电流。例如，L298[56] 提供两个 H 桥，它工作在高达 46V 的电源电压下，可提供高达 4A 的直流输出电流。其控制输入具有非常高的电压 V_{IL}=1.5V，最大电压被认为是有效逻辑 0，这种高电压可提供良好的抗噪性。而 DRV8844 提供 4 个半 H 桥，可配置为半 H 桥和全 H 桥的各种组合。

我们将从有刷电机速度控制器开始。如图 8.24 所示，有刷直流电机使用换向器切断直流电源，刷子将电磁铁连接到换向器以提供交替的极性。电磁铁的开关状态被定时切换，实现对永磁体磁极的吸引和排斥，达到使轴旋转的目的。

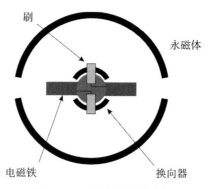

图 8.24　一个有刷直流电机

电机速度控制器应用程序包括三个任务：确定控制定律任务、命令输入任务和电机命令输出任务。

最简单的电机速度控制器，如图 8.25 所示，该控制器以开环的方式进行操作，即该电机速度控制器只根据速度命令进行电机驱动，而不检查电机的实际速度。在这种情况下，控制定律将命令的速度映射为 PWM 电平。该控制定律可以采用几种形式之一：最简单的开环控制定律是将命令速度映射到 PWM 占空比值的线性函数，但是，这种方式下电动机可能无法完全线性运行，于是可以创建这样一个开环控制律，使用功能描述或表查找来调整电机的非线性。

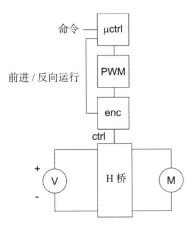

图 8.25　一个开环电机速度控制器

电动机 M 通过一个 H 桥连接到其供电电源 V_M。我们使用 H 桥的两个控制输入 a，b 来控制电机电压的极性并调制其脉冲宽度。如果 $a=b=0$，电动机将断开其电源。可以使用编码器将 PWM 占空比波形转换为 H 桥控制信号，只需要一个输入信号就可以确定电机是正向还是反向运行。

如果允许电机在任一方向上运行，那么在切换旋转方向时需要小心。将 H 桥从前向配置立即转向反向配置命令可能会导致过度的瞬变，从而损坏组件。可以设计 H 桥编码器的逻辑以提供断开模式。然后，可以设计具有短期记忆的控制定律，以在方向变化之间插入一个转换缓冲区。

微控制器的采样率应该快于电机的最高转速。

图 8.26 显示了闭环有刷电机速度控制器的框图。我们使用微控制器来执行控制定律，它在读数时读取轴编码器以监控电机的速度。

在电机控制器的典型软件 / 硬件划分中，计算控制律在软件中实现，PWM 功能主要在硬件中执行，计算轴旋转事件在硬件中实现。

我们可以使用 3.11 节的轴编码器检测电机的速度。编码器盘的划分数量决定了测量轴转速的精度。

我们需要为脉冲宽度调制操作选择两个参数：PWM 周期和 PWM 占空比分辨率。相对于电动机的时间常数来说，周期应该较小，这是由电动机的电感和内部电阻决定的。这些参数并不总是会在电机数据表中提供，但可以对它们进行测量。PWM 周期通常足够短，以便在电机一次旋转的最大速度下包含多个 PWM 周期。

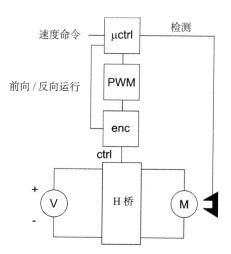

图 8.26　一个闭环电机速度控制器

轴编码器脉冲的速率随电机速度而变化。使用硬件计数器在一个间隔内计算轴脉冲数可以消除每个编码器脉冲所需的中断处理程序开销。

控制定律采样率应足够高，以便能够正确跟踪指令速度。采样率轮流确定控制法任务所需的执行时间 T_{law}。如果使用中断服务程序来执行控制定律，我们可以将总任务执行时间看作中断响应时间和控制律函数执行时间的和：

$$C_{law} = t_{int\,r} + t_{ctrl} \qquad (8.12)$$

总的 CPU 利用率为：

$$U_{law} = \frac{t_{int\,r} + t_{ctrl}}{T_{law}} \qquad (8.13)$$

控制定律函数所需的数字精度部分取决于控制系统必须运行的电机速度范围。对于速度范围 $[R_{min}, R_{max}]$，数字精度值的动态范围必须至少为 $\log_2(R_{max}-R_{min})$。我们还必须考虑控制器增益，它将动态范围增加到 $\log_2 K_{pid}(R_{max}-R_{min})$，其中 K_{pid} 是 3 个控制器增益的最大值。我们的控制定律不包括任何限制所需动态范围的划分。许多小型微控制器支持硬件浮点运算，如果微控制器不支持浮点运算，我们可以仔细设计代码和控制器参数，以完全使用整数运算。乘以和除以 2 的幂操作允许我们使用位级操作替代，尽管这样做要以降低控制定律的准确性为代价，因为参数必须四舍五入为 2 的幂。

无刷直流电机是通过高速电力电子设备实现的。如图 8.27 所示，无刷电机没有机械换向器，它使用控制器直接激励电机线圈[10]。固定磁铁位于电机轴上，电磁铁相对于那些固定的磁铁进行推拉来使电动机轴旋转。该图显示了一个每个线圈有两相的三相电机。三根 ABC 引线允许每对线圈分别通电。控制器必须精确计算线圈通电的时间。直接控制线圈使控制器能够更精确地控制轴的位置和速度。

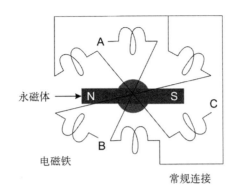

图 8.27   一个无刷直流电机

与有刷电机一样，我们使用脉冲宽度调制来调节电机速度。无论 PWM 占空比何时有效，我们都必须在适当的时间向线圈提供激励信号。通过施加正电压和负电压，在推拉模式中使用换向周期 T_C 的每个相位。

图 8.28 显示了无刷电机相位的驱动信号时序。电机线圈配置为具有公共连接的 Y 电路。三相的连接分别标记为 A，B，C。正的激励电压标记为 H，负的激励电压标记为 L。每相还具有未驱动的死区时间间隔，在图中显示为 Z 区域。图 8.29 显示了时序图中所示的三倍时间的电动机操作。以适当的顺序在高侧和低侧之间切换线圈会提供旋转磁场，从而将转子的永磁体拉到电动机周围。

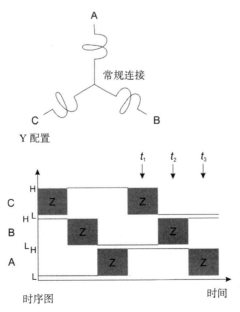

图 8.28   一个无刷电机相位的驱动信号时序

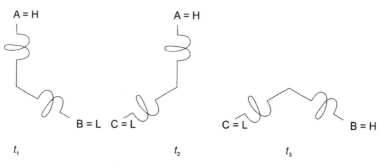

图 8.29 三倍时间的电动机操作

与有刷直流电动机一样，脉宽调制器信号也用作控制 H 桥的解码器的输入。但是在这种情况下，用于控制 H 桥配置的代码由轴位置传感器确定。在使用轴编码器的同时，电动机本身也提供了电磁感应时机。在传感器控制的无刷电动机中，一组霍尔效应传感器被用于决定电磁体何时通过已知点。在无传感器无刷电动机中，电动机产生的反电动势可用于决定该位置。在这种情况下，使用模数转换器将反电动势感测为电动机未驱动端上的电压。可以将反电动势与参考电压进行比较，以产生过零事件。

无刷电机控制器的运行速率必须比有刷电机控制器的更高，因为电机必须能在几分之一转的时间内实现主动控制。图 8.28 的换向方案每 60° 改变一次配置，所以需要 6 r/s 的工作周期。

可以使用两个任务来操作电动机。一个任务是通过执行换向来改变哪些线圈通电，该任务由计时器控制，而计时器的超时间隔是由电动机速度的估算值决定的；另一个任务是监视反电动势的过零并执行控制定律计算来更新换向时间，这里，过零作为事件处理，如果电动机以指定的速度旋转，则过零应该出现在换向周期的中间，如果过零点过早出现，则说明电动机运行太慢，需要缩短换向周期，我们通常需要单独的启动控制算法来使电动机达到最高速度。

换向和过零任务的执行速度取决于电动机速度。可以根据最小换向周期找到最坏情况下的 CPU 利用率，对于 60° 控制方案，该最小换向周期 $T_{min}=6/\text{rev}_{max}$。给定换向执行时间 t_c 和过零执行时间 t_z，最坏情况下的 CPU 利用率为：

$$U_{\text{brushless}} = \frac{t_c + t_z}{T_{min}} \tag{8.14}$$

在各种微控制器的设计中都考虑了无刷电机控制。微芯科技 PIC16F[37] 包括 1 个模数转换器、1 个模拟比较器、1 个基准电压源和多个定时器，该芯片执行整数运算。TI 公司的 TMS320F28004x 微控制器 [71] 使用具有浮点算术的 32 位 CPU，具有浮点算术的独立控制定律加速器、3 个模拟 / 数字转换器、7 个窗口比较器和 16 个扩展 PWM 单元。

延伸阅读

Nisagara 和 Torres 在文献 [44] 中，以及 Brown 在文献 [10–11] 中均讨论过无刷直流电机控制。

问题

8.1　5.14 节的插孔检测器电路中必须添加什么才能创建一个完整的接口？

8.2　4.11 节的驻极体麦克风放大器电路中必须添加什么内容才能创建一个完整的接口？

8.3　我们需要构建一个具有 16 位数据值的 8 抽头的数字滤波器，该滤波器需要以 40kHz 的速率运行。使用一个 8 位、具有 256 位的 RAM 的 32MHz 微控制器有可能在软件中实现该滤波器吗？请解释。

8.4　若要实现双极点低通滤波器，哪种方法更便宜？是使用模拟电路实现还是使用数字可编程逻辑方法实现？请解释。

TTL 逻辑

A.1 简介

TTL 逻辑 [58] 是基于双极型晶体管的。虽然现在 TTL 已经不那么普遍了，但通过将 TTL 与 CMOS 进行对比，有助于强调为什么我们需要遵守某些规范。目前为止创建的许多不同的逻辑系列均具有不同的优势和设计特征。

A.2 TTL 逻辑电路

图 A.1 显示了两种类型的双极型晶体管：NPN 和 PNP。双极型晶体管中的三个端称为基极、发射极和集电极。双极型晶体管的基极端具有相对较低的阻抗，这与在 CMOS 逻辑中使用的 MOSFET 的高栅极阻抗正好相反。

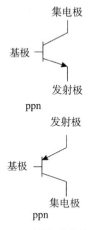

图 A.1 双极型晶体管

图 A.2 显示了 NPN 双极型晶体管的特性曲线图。该曲线表明了在一定范围的基极电流下，集电极电流与发射极 – 集电极电压的关系。当基极电流处于最低水平时，晶体管导通。晶体管导通后，集电极电流很大程度上取决于基极电流。我们将在第 4 章中更详细地讨论双极型晶体管的特性。

图 A.3 显示的是一个 TTL 反相器。我们可以了解针对两种情况的操作：

- 当输入电压低时，Q_1 导通。Q_1 导通时，会产生自 Q_2 流出的电流。结果是 Q_2 关闭。电流流过 R_2 以导通 Q_3，从而将输出拉高。输出二极管可防止流过输出级的反向电流。
- 如果输入电压高，则电流流过 Q_1 的发射极以导通 Q_2。通过 R_3 的电流提供一个基极 – 集电极电压以导通 Q_4，从而将输出拉低。

Q_3、Q_4 对称为图腾柱输出电路。

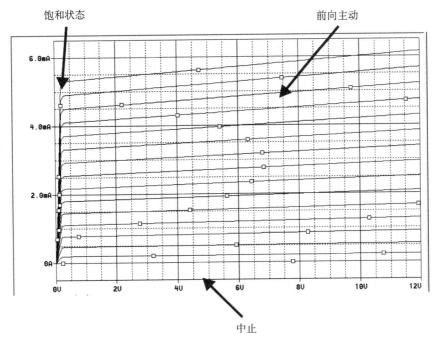

图 A.2 一个双极型晶体管的特征曲线

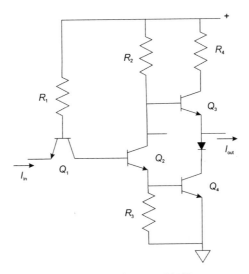

图 A.3 一个 TTL 反相器

TTL 扇出问题是由电流限制引起的。让我们集中讨论驱动晶体管的输出为逻辑 1 的情况。TTL 门可以提供最大的输出电流，但它还需要最小输入电流。随着向扇出添加更多的门，我们将输出电流分配到更多的接收器中。最终，所有接收门都没有接收到足够的电流以使其产生正确的输出。在这种情况下，TTL 电路永远不会产生适当的值。相反，如果我们给它们足够的时间，CMOS 门将最终产生有效的输出。

图 A.4 给出了 TTL 逻辑门的规格，在这种情况下为 74 系列低功耗肖特基（Schottky）门。TTL 逻辑对电源电压更敏感，且 TTL 逻辑门的电压允许范围要小于 CMOS 门的允许范围。尽管 CMOS 逻辑电平相当对称，但 TTL 逻辑电平却不对称，逻辑 1 电压范围比逻辑 0 电压范围要大得多。

V_{CC}	$4.5\,V \leqslant V_{CC} \leqslant 5.5\,V$
V_{IH}	2.0 V
V_{IL}	0.8 V
V_{OH}	2.7 V
V_{OL}	0.25 V
I_{IH}	0.1 mA
I_{IL}	–0.4 mA

图 A.4　一个 TTL 逻辑门的规格

A.3　高阻抗和开放输出

对于 TTL，高阻抗配置称为开路集电极。上拉电阻器提供的最大电流必须不大于一个门的最大灌电流和从 n 个扇出门的输入端流出的电流[58]：

$$R_L \geqslant \frac{V_{CC} - V_{OL,\,max}}{I_{OL} - nI_{IL}} \tag{A.1}$$

A.4　示例：开路集电极和高阻抗总线

总线是用于各种设备组合之间的数据通信的通用连接。一次只能有一个设备写总线，数据的目的地可能是一个或多个设备。可以使用两个不同的电路系列来设计具有不同特性的总线。

我们可以使用上拉电阻器来构建总线，从而轻松连接和断开设备。如果总线上使用的晶体管是双极型晶体管，我们将总线称为开路集电极。开路集电极总线的一个经典示例是 I²C 总线，我们已经在 2.3 节中进行了讨论。

图 A.5 显示了一个开路集电极总线电路。该总线通过有线方式连接到上拉电阻 R_{pu}。

总线上的每个模块都有一个下拉晶体管 Q_1、Q_2 等。如果任何器件导通其下拉晶体管，总线电压就会被拉低。如果未打开任何模块，则借助于上拉电阻器可将总线保持在高电压。如果两个模块的下拉晶体管导通，则总线将继续正常运行。开路集电极和开路漏极总线很健壮，因为它们对在总线上写入的多个设备不敏感。但是，上拉晶体管会导致总线相对较慢。

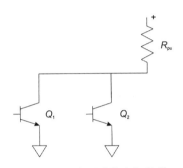

图 A.5   一个开路集电极总线

    图 A.6 显示的是一条高阻抗总线。首先仅将总线考虑为一根没有上拉电阻的线，每个模块均使用三态门连接到总线（在这里使用反相门，但是总线逻辑的极性对其电路特性并不重要）。如果启用了一个三态门，它将控制总线上的值。如果启用了两个三态门并且它们输出相同的值，则总线将继续运行。如果两个门的值相反，则它们会相互竞争，从而导致总线上的逻辑值错误，并可能损坏电路。如果未启用三态门，则总线处于浮动状态，并且没有可靠的数字值。可以使用弱上拉将总线保持在有效逻辑值，即选择的上拉电阻要提供足够小的电流，以使三态门可以克服它并确定总线值。

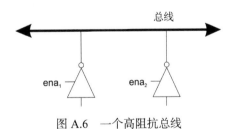

图 A.6   一个高阻抗总线

问题

A.1   TTL 门的最大输出电流为 16mA，最大输入电流为 −1.6mA。当驱动相同类型的其他门时，此门的最大扇出量是多少？

A.2   双极型系列的最大输出电流为 1.6 mA，最小输入电流为 40μA，则最大扇出量是多少？

双极放大器

B.1 简介

B.2 节将介绍双极型晶体管的模型，B.3 节介绍双极放大器的标准电路拓扑。在 B.4 节使用这些模型和电路来分析简单双极放大器的设计。B.5 节介绍两级放大器的设计。

B.2 双极型晶体管模型

双极型晶体管的大电流增益仍可在放大器的设计中进行应用。

图 B.1 显示了双极型晶体管的一个简单小信号模型。根据图中所示的信号图的形状，这种小信号模型称为 π 模型。这一模型可以通过附加电阻器和电容器来进行扩展，以更准确地为双极型晶体管的某些特性建模。基极 – 发射极路径建模为电阻 r_π。集电极 – 发射极路径建模为电流源。该信号显示为菱形，表明该信号值由另一个参数控制。集电极 – 发射极电流源产生的电流取决于基极 – 发射极电阻两端的电压。值 g_m 是晶体管的跨导，该值使基极 – 发射极电压与集电极 – 发射极电流相关。由于 $\beta = g_m r_\pi$，因此电流源的等效值为 βi_b。

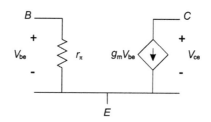

图 B.1 双极型晶体管的一个简单小信号 π 模型

图 B.2 显示了另一种双极型晶体管简单小信号模型的等效模型，称为 t 模型。可以使用标准电路转换将 π 模型转换为 t 模型，反之，也可以将 t 模型转换为 π 模型。电阻器 r_e 建模 V_{BE} 和 I_B 之间的依赖关系[5]：

$$r_e = \frac{kT}{qI_c} \approx \frac{kT}{qI_e} = \frac{26\text{mV}}{I_e} \tag{B.1}$$

在这个公式中，k 是玻尔兹曼常数，T 是温度，q 是电子的电荷。

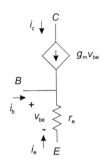

图 B.2　双极型晶体管的一个简单小信号 t 模型

图 B.3 提供了典型的 NPN 晶体管[20] 做一些重要参数。按照惯例，我们使用小写字母来表示小的信号值，使用大写字母来表示 DC 值。令人感兴趣的是 h_{FE}，即直流电流增益，它也是 β 的另一个名称，这里我们将使用中值 $h_{FE}=200$ 来进行计算。f_T 是增益带宽乘积，它是某个参考频率上的小信号增益与晶体管的 -3 dB 截止频率的乘积。数据手册还提供了晶体管的 SPICE 模型。对于特定类型的组件，不同制造商提供的参数可能会有所不同，必须根据给定的值估算所需的参数。

h_{FE}	min.20@V_{CE}=1.0V, I_C=1mA
	$100 \leqslant h_{FE} \leqslant 300$@$V_{CE}$=1.0V, I_C=10mA
f_T	min. 300@V_{CE}=20V, I_C=10mA, f=100MHz

SPICE 模型

NPN (Is=6.734f Xti=3 Eg=1.11 Vaf=74.03 Bf=416.4 Ne=1.259 Ise=6.734 Ikf=66.78m Xtb=1.5 Br=.7371 Nc=2
Isc=0 Ikr=0 Rc=1 Cjc=3.638p Mjc=.3085 Vjc=.75 Fc=.5 Cje=4.493p Mje=.2593 Vje=.75 Tr=239.5n Tf=301.2p
Itf=.4 Vtf=4 Xtf=2 Rb=10)

图 B.3　双极型晶体管的选定数据表说明

大信号晶体管模型考虑了在宽范围内的电压和电流变化情况下的器件特性。双极型晶体管的工作曲线通过其特性曲线图来描述，该曲线图给出了 I_C 相对于 V_{CE} 的一组特性曲线，其中每条曲线均表示器件的不同 I_B 工作点。工作曲线通常使用曲线跟踪仪采用实验测量来测得，该曲线跟踪仪将扫描电压序列施加到设备并测量其响应。可以使用 OrCAD 和 PSpice 来模拟曲线跟踪仪的操作。图 B.4 显示了模拟追踪曲线时所进行的设置，晶体管的基极由电流源驱动。通过扫描集电极 – 发射极电压和基极电流两个变量，得到如图 B.5 所示的曲线。

双极型晶体管被描述为具有几个不同的工作区域。截止区域对应于因基极电压太低而无法导通的基极 – 发射极结的基极电压，饱和区域对应于非常小的集电极 – 发射极电压，正向有源区域提供了与集电极 – 发射极电压近似无关的集电极电流。

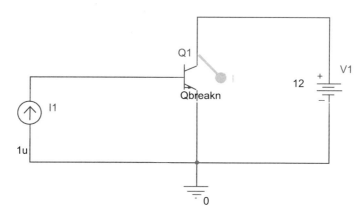

图 B.4　一个双极型晶体管的曲线跟踪仪电路

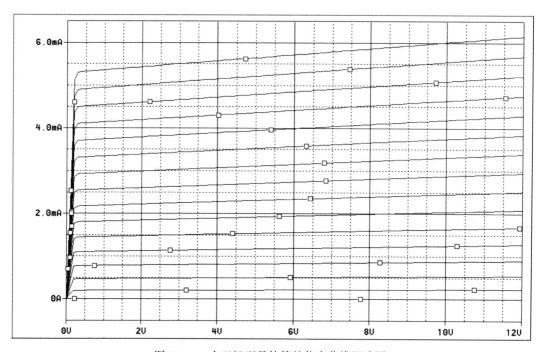

图 B.5　一个双极型晶体管的仿真曲线跟踪图

双极型晶体管的最基本参数之一是 β，它是电流增益的量度：

$$\beta = \frac{I_{\mathrm{B}}}{I_{\mathrm{C}}} \tag{B.2}$$

双极型晶体管通常提供的 β 值为 $100 \sim 200$。一些数据手册可能会区分 DC 和小信号 β，一些数据表中引用了 h_{FE} 这一参数，尽管此参数的定义稍有不同，但出于基本设计目的，我们可以将其视为等于 DC 处的 β，h_{fe} 是 h_{FE} 的小信号版本。

Ebers-Moll 模型 [57] 是双极型晶体管的一种广泛应用模型，描述见式 B.3 和 B.4：

$$I_E = I_{FO}\left(e^{qV_{EB}/kT}-1\right)-\alpha_1 I_{FO}\left(e^{qV_{CB}/kT}-1\right) \tag{B.3}$$

$$I_C = -\alpha_1 I_{RO}\left(e^{qV_{EB}/kT}-1\right)-I_{RO}\left(e^{qV_{CB}/kT}-1\right) \tag{B.4}$$

式中，参数 I_{FO} 和 I_{RO} 是由晶体管结组成的二极管的正向和反向偏置电流。α_N 和 α_I 为反向共基电流增益。

我们主要关注的是双极性晶体管在正向有源区域的行为。图 B.6 中的信号给出了该区域的模型。集电极电流等于 βI_B，基本电流遵循二极管定律：

$$I_C = \frac{I_S}{\beta}e^{qV_{BE}/kT} \tag{B.5}$$

参数 I_S 取决于几个设备参数。但为了满足我们的需要，知道它与温度成指数关系就足够了。

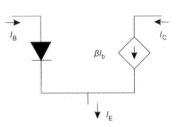

图 B.6　一个双极型晶体管的大信号模型

B.3　双极放大器拓扑

在本节中，我们将介绍使用双极型晶体管的低功率放大器电路的基本电路拓扑。可以在单个晶体管中构建 3 种不同的电路类型，每种类型都使用不同的晶体管端子作为放大器输入端和输出端之间的公共连接。通过使用一个以上的晶体管，其他拓扑结构也是可以实现的。

B.3.1　共发射极放大器

可以使用几种不同的电路拓扑来构建双极放大器。图 B.7 显示了共发射极放大器，之所以这么称呼是因为发射极既是输入电流又是输出电流的一部分。

通过在电路上进行交流分析并用双极型小信号模型代替该器件，可以找到共发射极放大器的电压增益。图 B.8 显示了该模型的示意图，输入源和电源被简化为短路以进行交流分析。假设负载电阻已断开，这会使输出电压下降到 R_C 以下。基极电阻为 $g_m V_{be}$，电压增益为输出电压与输入电压之比：

$$A_v = \frac{V_{ce}}{V_{be}} \tag{B.6}$$

输出电压为 $V_{ce}=g_m V_{be}R_C=\beta i_b R_C$。输入电压是由 r_e 两端的电压降引起的，电压降有两个分量——输入电阻两端的电压降是基极电流的函数，R_E 两端的电压降取决于发射极电流。总输入电压为 $V_{be} = (\beta + 1)\, r_e + \beta I_b R_E$。将该公式代入式（B.6），得到：

$$A_v = \frac{g_m V_{be} R_C}{(\beta+1)r_e + \beta I_b R_E} \approx \frac{R_C}{R_E} \qquad \text{（B.7）}$$

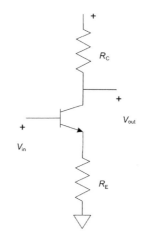

图 B.7　一个通用的发射极放大器

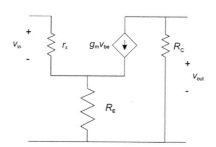

图 B.8　一个通用的发射极放大器的小信号模型

B.3.2　共集电极放大器

图 B.9 显示了一个共集电极电路，通常称之为发射极跟随器。它的电压增益为 1，但在输入和输出信号同相的情况下却提供了较高的电流增益。当想要缓冲或分离信号而不需要任何电压增益时，可以使用发射极跟随器。

B.3.3　共基极放大器

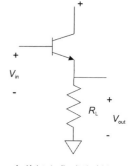

图 B.9　一个共集电集或发射极跟随器电路

共基极放大器如图 B.10 所示。它具有低输入阻抗和高输出阻抗，提供的电流增益为 1。

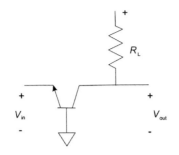

图 B.10　一个共基极放大器电路

B.3.4　共源共栅放大器

由于共基极配置并不常见，于是图 B.11 所示的共源共栅放大器被广泛使用。它使用一对晶体管来创建两个阶段：第一阶段为共发射极配置阶段，而第二阶段为共基极配置阶段。该放大器为输入和输出提供良好的信号增益、良好的带宽和高阻抗。无须描述太多的细节，共基极减少了第一级晶体管中基极和集电极之间的寄生耦合的影响，从而在更高的频率下提供了比普通共栅极放大器更强大的增益。

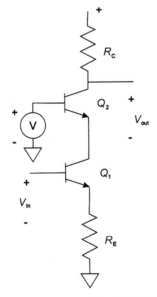

图 B.11　一个共源共栅放大器电路

B.3.5　差分放大器

双极差分放大器（也称为差分对）如图 B.12 所示。通过 Q_1 和 Q_2 的电流是恒定的；

输入电压 V_+、V_- 的差异会导致输出电压 V_1、V_2 的差异放大。

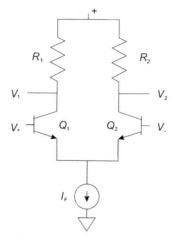

图 B.12　一个双极差分放大器电路

B.3.6　电流源

差分放大器需要利用电流源。提供独立于负载的电路的实用电路在许多放大器和其他电路中都很有用。图 B.13 显示了一个内置有双极型晶体管的基本电流源。分压器为双极型晶体管提供一个基极电压，该基极电压控制其集电极 – 发射极的电流。该电路适合简单应用，但容易出现几个问题：电源电压的变化将导致输出电流的变化，温度变化将导致晶体管 β 改变，从而导致输出电流改变，电阻值的不正确会导致意外的输出电流。

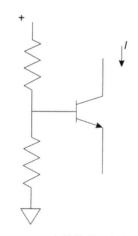

图 B.13　一个简单的双极电流源

电流镜用于将输入电流复制到输出电流，同时将输入与输出隔离。电流镜设计为低输入阻抗，以最大限度地减小输入电压变化，同时电流镜提供了高输出阻抗，以减少由负载引起的变化。一个例子是图 B.14 所示的 Widlar 电流镜。准确的电流镜需要有匹配的晶体管，否则采用分立晶体管时可能在构建时得到适得其反的结果。目前有几种利用 IC 的有良好匹配特性的集成电路电流镜可以使用。

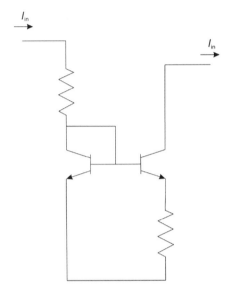

图 B.14   一个使用双极型晶体管的 Widlar 电流镜

B.4   低功耗双极放大器

对于放大器，我们有两个主要需求：对放大器的电压增益 A_v 的需求和对在给定负载阻抗下可以提供的电流的需求。对放大器的最低工作频率也有一些要求。

根据给定放大器的电路拓扑，可以得出用于不同分析目的的多个模型。使用一条负载线来确定通过输出级晶体管的电流。基于该计算，可得出无源组件的值。

B.4.1   双极放大器模型

为了使图 B.15 所示的共发射极放大器在实际中有效工作，我们需要一些其他的组件。该示意图包括围绕共发射极核心的一些偏置电路和其他接口电路，该核心由输出晶体管 Q_1 和输出电阻 R_E 组成。图 B.15 显示了该电路的三个版本：带偏置和其他组件的完整电路、带电容器的被视为开路的 DC 电路、带电容器的 AC 电路，此外，图中还显示了被视为处于短路状态的电源。

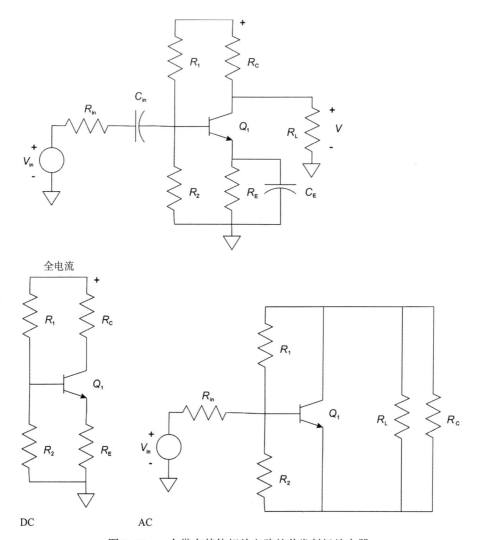

图 B.15　一个带有其他相关电路的共发射极放大器

B.4.2　负载线分析

隔离的晶体管可以在许多不同的电压和电流组合下工作，可以将其放入电路来限制我们的分析。图 B.16 显示了一个共发射极放大器的负载线。负载电阻 R_L 限制了晶体管两端和通过晶体管的可能的电压和电流集：基尔霍夫电流定律告诉我们 $I_R=I_{CE}$；基尔霍夫电压定律告诉我们 $V_R+V_{CE}=V_{CC}$。当负载线与 y 轴相交时，$V_{CE}=0$，此时电流完全取决于负载晶体管，于是有 $I_{CE}=V_{CC}/R_L$。当没有集电极－发射极电流（即 V_{CC}）时，x 轴被拦截。

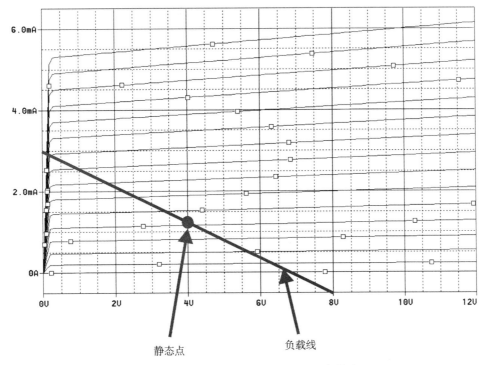

图 B.16   一个双极型共发射极放大器的负载线

B.4.3   大信号分析

现在我们可以考虑使用大信号分析来选择其余元件的值。要选择此放大器中电阻和电容器的元件值，需要考虑晶体管的特性。V_{CE} 的值由 R_3 和 R_4 确定的负载线确定：

$$V_{CE} = V_{CC} - I_C R_3 - I_E R_4 \approx V_{CC} - I_C \left(R_3 + R_4 \right) \qquad (B.8)$$

集电极和发射极电流与参数 α 相关，该参数值接近 1。随着我们改变基极电流，放大器在负载线上上下移动。

负载线的 x 轴截距由电源电压 V_{CC} 给出。我们需要选择一个合适的电源电压，该电压要大于所需的最大输出电压摆幅。通常，我们只能使用电源提供的一些标准可用输出电压。y 轴截距是通过假设 R_L 两端的电压与全电源电压相等来找到：

$$I_{C_0} = \frac{V_{CC}}{R_L} \qquad (B.9)$$

我们不会在此最大电压下运行负载。但是，当朝非常低的 V_{CE} 值移动时，晶体管会跌至饱和状态并最终关断。负载线只是一个刻度两端的近似值。

B.4.4 组件值公式

现在让我们使用直流电路来导出电阻器电压。R_1、R_2用作分压器以将 DC 电压设置在 Q_1 的基极。我们可以选择此时要使用的电压。该选择的电压对应负载线上一个点，这个点称为静态点，我们将在地和 V_{CC} 之间选择一个静态点。这种选择意味着为我们提供了分压器的以下公式：

$$\frac{V_{CC}}{2} = V_{CC} \frac{R_2}{R_1 + R_2} \qquad (B.10)$$

这个公式告诉我们 $R_1 = R_2$，但是没有完全指定电阻值。在许多设计问题中，不指定组件值，可以使用几种不同的标准来得出最终值。一条经验法则是，流过 R_1，R_2 的电流应比基本电流大十倍。由于 $I_B = I_C/\beta$，如果假设 $\beta = 100$，则

$$I_{R_1 R_2} = \frac{I_{C_0}}{10} = \frac{V_{CC}}{R_1 + R_2} \qquad (B.11)$$

给定 $R_1 = R_2$，有：

$$R_1 = R_2 = \frac{I_{C_0}}{5V_{CC}} \qquad (B.12)$$

R_E 的作用是提供负反馈，以稳定放大器，使其不受温度影响。例如，如果集电极电流上升，因为晶体管发热，因此产生了更多电流，则 R_E 两端的电压降将上升。这意味着基极 – 集电极电流下降，即基极电流下降，也就意味着 Q_1 的输出电流会下降，从而解决了问题。

R_C 和 R_E 的值也未指定。一种常见的启发式方法是通过在 R_C、R_E 和 V_{CE} 之间平均分配电源来选择 R_C 和 R_E 的值，于是给出：

$$R_C = R_E = \frac{V_{CC}}{3I_{C_0}} \qquad (B.13)$$

我们还需要找到两个电容器的值。C_E 在高频下将 R_E 短路。我们不需要将放大器稳定在高频下，只需将其稳定在直流上即可。R_E 短路会增加放大器的 AC 增益。

我们将 RC 组合的 $-3dB$ 这一点用作过渡频率。给定电容器 C 和电阻器 R，则 $-3dB$ 点出现在：

$$X_C = 0.414R \qquad (B.14)$$

我们在 1.6 节中看到，电容成分的电抗是频率的函数。$-3dB$ 的频率以赫兹为单位，可以表示为：

$$f_{-3\text{dB}} = \frac{2.42}{2\pi RC} \qquad (\text{B.15})$$

对于 C_E 值而言，重要的电阻是晶体管的内部发射极电阻 r_e。在公式 B.1 中，r_e 中取决于 kT/q。在室温下，$r_\text{e}=26/I_\text{C}$，可以将 I_C 估计为小信号发射器电流 I_e。

给定放大器的截止频率 f_0，可以选择在该频率下的 $C_\text{E}=R_\text{E}$，于是有：

$$C_\text{E} = \frac{1}{2\pi f_0 r_\text{E}} \qquad (\text{B.16})$$

对于 C_in，要根据 R_1、R_2 的并行组合选择其值：

$$C_\text{in} = \frac{1}{2\pi f\left(R_1 \| R_2\right)} \qquad (\text{B.17})$$

B.5　使用双极放大器驱动低阻抗负载

可以使用基本的放大器电路来构建一个两级放大器，该放大器设计为使用双极型晶体管驱动低阻抗负载。

该示例使我们有机会考虑一些实用性。尽管我们可能会为组件计算出特定的值，但无法以这些确切的值来采购组件。电阻、电感器和电容器均来自标准值。选择这些值是为了提供一个很好的值范围，并能避免覆盖范围不完全的问题。尽管如此，我们必须利用可用值，这是在设计时，尽量设计能够耐受变化的稳健电路的原因之一。

除了选择固定值外，我们还必须考虑到无源元件的制造具有一定的公差这一事实。例如，一个容差为 ±10% 的 47kΩ 电阻的实际值可能在 42.3Ω ～ 5.17kΩ 之间。组件通常具有几种不同的公差，如果需要更严格的公差，则需要花费更多的成本。

无源组件也具有最大额定功率，组件在运行时，其运行功率水平不应高于其额定功率。通常，额定功率应留有一定的余量。给定组件值和其他工作条件的变化，以接近其额定功率水平运行的设备有时可能会超过该水平，从而导致可靠性问题。

图 B.17 显示了两级放大器的 OrCAD 原理图。第一阶段在共发射极配置中使用 Q_1，第二阶段使用 Q_2 作为发射极跟随器，放大器设计为 12V 电源。我们的规格包括 $A_\text{v}=-5$ 的电压增益和驱动 8Ω 负载的能力，这是大型扬声器的典型阻抗（较小的扬声器通常具有 4Ω 阻抗）。放大器应在 $[f_\text{L}, f_\text{H}]$ = [100Hz, 20kHz] 的标准音频范围内工作。假设信号源的阻抗为 1kΩ，可以选择从输入开始的分量值，该值的大部分都会移至输出。我们将使用在 B.2 部分的 bjt 模型中使用的晶体管模型来仿真电路。

第一级将为放大器提供所有电压增益。由于我们将第二级用于电流放大，因此在选择集电极电流方面有一定的自由度，于是选择了 $I_\text{C}=5\text{mA}$ 的值。

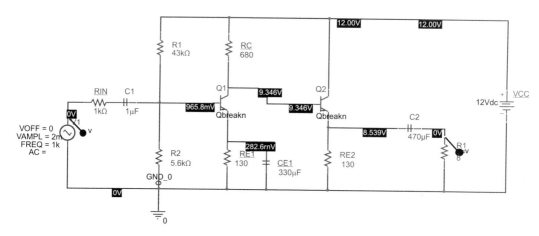

图 B.17   一个两级放大器的原理图

我们还希望为 Q_1 选择静态点电压，我们希望该电压值接近电源范围的中间值。图 B.18 显示了基于晶体管曲线、电源电压和所选集电极电流的负载线。我们选择 $V_{EQ1}=8V$ 作为操作点。

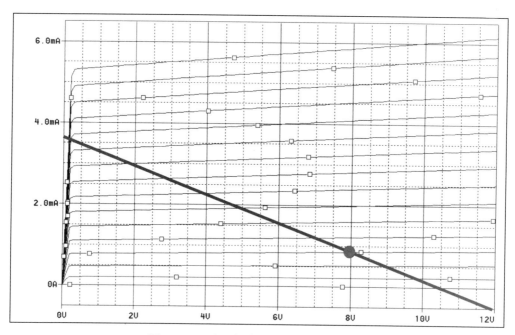

图 B.18   一个两级放大器的第一级负载线

我们使用电压增益和集电极电流来确定 R_C 和 R_{E1} 的值。电源电压下降超过 R_C、Q_1 的集电极 – 发射极区和 R_{E1} 的串联组合。这样可以得到 $R_C+R_{E1}=（V_{CC}-V_{EQ1}）/I_{C1}$。我们知道，对于常见的发射器配置，有：

$$A_v \approx \frac{R_C}{R_E} \tag{B.18}$$

这可以使我们得到：$R_C = 5R_{E1}$。当将该结果与 $R_C + R_{E1}$ 公式结合使用时，我们发现 $R_{E1} = 130\,\Omega$。结果，理论上 $R_C = 650\,\Omega$，实际得到的值约为 $680\,\Omega$。当将这些近似值代入增益公式时，我们发现期望电压增益为 5.2。

电阻器 R_1 和 R_2 是 Q_1 的偏置网络，它们形成一个分压器，以如下方式设置 Q_1 的基极电压：它们的比值确定偏置电压，而它们的和确定流过偏置电路的电流。我们希望偏置网络提供足够的电流，以使 Q_1 的变化不会导致流过 R_1 和 R_2 的电流发生足够的变化以改变偏置电压。当 $R_1 \| R_2 \ll h_{FE}R_{E1}$ 时，满足该条件。晶体管的放大使发射极处的电阻可以通过基极看到，并通过 h_{FE} 放大了有效阻抗。一个好的经验法则是，偏置网络电流应为基准电流的 10 倍。反过来，基极电流由集电极电流确定。结果，$I_B = I_C/h_{FE} = 25\mu A$。因此，我们希望 12V 电源通过 R_1 和 R_2 的串联组合产生 $10I_B = 250\mu A$。结果，$R_1 + R_2 = 48\mathrm{k}\,\Omega$。$R_2 = V_{12}/I_{R12}$ 两端的电压等于 R_{E1} 两端的电压与晶体管的基极 – 发射极 0.7 V 电压之和，即 $R_2 = (V_{BE} + I_{C1}R_{E1})/I_{R12} = 5400\,\Omega$，我们将其四舍五入近似得到 5.6k$\Omega$。结果，$R_1 = 42.6\mathrm{k}\,\Omega$，四舍五入近似得到 43k$\Omega$。

我们选择 C_1 的值，以便在 $f_L = 100\mathrm{Hz}$ 处提供 3dB 的衰减。该电容与 RIN 串联。串联 RC 的阻抗为：

$$Z = R + \frac{1}{sC} \tag{B.19}$$

在高频下，电容器很短，该方程式简写为 $Z = R$。我们想要找到一个 C 值，使得频率为 $s = 2\pi f_L$，RC 阻抗的大小为 $|Z(2\pi f_L)| = R\sqrt{2}$。阻抗的大小为：

$$|Z| = \sqrt{R^2 + \frac{1}{(sC)^2}} \tag{B.20}$$

代入，我们发现：

$$C = \frac{1}{2\pi R f_L} \tag{B.21}$$

在本例中，$C_1 = 8\mu F$。

我们想选择 CE1 以截止频率 f_L 滚降。在这种情况下，我们的目标是：

$$\sqrt{2}\frac{R_C}{r_e} = \frac{R_C}{X_E} \tag{B.22}$$

将该式代入 CE1 和 r_e 的并联阻抗公式，得到：

$$X_E = \frac{r_e}{\sqrt{2}} = \frac{1}{\sqrt{\frac{1}{r_e^2} + (sCE1)^2}} \tag{B.23}$$

解上式得到 CE1：

$$CE1 = \frac{1}{2\pi f r_e} \tag{B.24}$$

将 r_e=5Ω 代入公式（B.24），得到 318μF 的值，我们将其四舍五入，得到 330μF。

第二级不需要偏置网络，因为第一级输出为 Q_2 维持了合理的工作电压。我们选择的静态电压为 V_{CEQ}=8V，集电极电流为 I_{CQ}=30mA。发射极电阻 R_{E2}=（$V_{CC}-V_{CEQ}$）/I_{CQ}=133Ω，将其四舍五入近似为 130Ω。

在给定 8Ω 负载电阻的情况下，将设置 C_2 的值提供适当的滚降频率，设置为 C_2=470μF。

图 B.19 给出了该放大器的输入和输出波形。仿真结果表明，实际增益约为 A_V=4.5，略低于估计值。

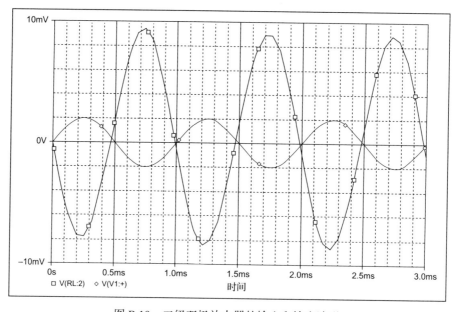

图 B.19 二级双极放大器的输入和输出波形

问题

B.1 一个双极型晶体管的 β=150，r_π=4Ω，则它的 g_m 为多少？

B.2 有如下双极型晶体管的跟踪曲线：

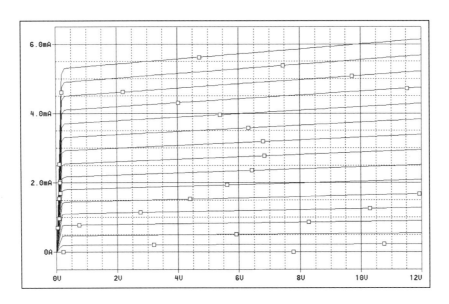

根据上图，晶体管在大约 V_{CE} 的哪个值达到饱和？

B.3 为发射极跟随器放大器的小信号 pi 模型绘制示意图。

B.4 一个双极型晶体管有 β=150，re=5 Ω，在该晶体管用于通用发射器配置 R_C=1 kΩ，R_E=250 Ω 时，找到其小信号增益。

B.5 在图 B.12 所示的差分放大器中，V_{CC} = 10 V，R_1 =R_2 = 1kΩ，g_{m1}=g_{m2} = 0.05A/V，I_F = 10 mA，请画出 V_{12}=V_1−V_2 在 V_+=2V 且 1.9 V ≤ V− ≤ 2.1 V 范围内的曲线图。

B.6 给定下图所示的共发射极放大器，其中 V_{CC}=12 V：

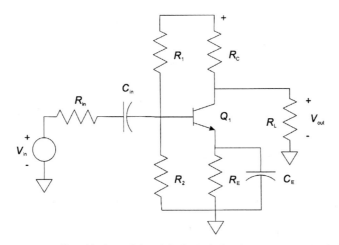

选择 R_1、R_2 的值，使该电路得到直流基准电压 V_{BE1}=5V，以及流经电阻的电流 I_{12}=50mA。

参 考 文 献

[1] J. Adams, Headset/Radio Auto Sensing Jack, U. S. Patent 6,594,366, July 15, 2003.

[2] T. Allag, W. Liu, Battery-charging considerations for high-power portable devices, Analog Appl. J. 2014. Texas Instruments, 2Q.

[3] Altera, Thermal management, July 30, 2012. http://www.altera.com/support/devices/power/thermal/pow-thermal.html.

[4] Analog Devices, Chapter 11: The current mirror, August 20, 2017. https://wiki.analog.com/university/courses/electronics/text/chapter-11.

[5] ARRL, The ARRL Handbook for Radio Communications, 95th ed., ARRL, Newington, CT, 2018.

[6] T.P. Baker, A. Shaw, The cyclic executive model and Ada, in: Proceedings, Real-Time Systems Symposium, IEEE, 1998, pp. 120–129.

[7] J.R. Black, Electromigration—a brief survey and some recent results, in: IEEE Trans. Electron Devices 16 (4) (1969) 338–347.

[8] G.M.B.H. Robert Bosch, Automotive Electrics Automotive Electronics, fifth ed., Bentley Publishers, Cambridge, MA, 2007.

[9] C.W. Brokish, M. Lewis, A-Law and mu-Law Companding Implementations Using the TMS320C54x, Digital Signal Processing Solutions, Texas Instruments, 1997. SPRA163A.

[10] W. Brown, Brushless DC Motor Control Made Easy, Microchip Technology, 2002. AN857.

[11] W. Brown, Sensorless 3-Phase Brushless Motor Control With the PIC16FXXX, Microchip Technology, 2009. AN1305.

[12] J. Caldwell, Single-supply, electret microphone pre-amplifier reference design, Texas Instruments, TIDU765, 2015.

[13] Cirrus Logic, WM9801 Mono DAC With 2.6W Class AB/D Speaker Driver, Dynamic Range Controller and ReTuneTM Mobile Parametric Equalizer, Revision 4.0, 2016.

[14] Compaq, Hewlett-Packard, Intel, Lucent, Microsoft, NEC, Philips, Universal serial bus specification, revision 2.0, 27, 2000.

[15] T.R. Crompton, Battery Reference Book, third ed., Newnes, Oxford, 2000.

[16] Cypress, PSoC 5LP: CY8C52LP Family Datasheet, 001-84933, Revision L, June 13, 2017.

[17] G. Daryanani, Principles of Active Network Synthesis and Design, John Wiley and Sons, New York, 1976.

[18] Fairchild Semiconductor, BS170/MMBF170 n-Channel Enhancement Mode Field Effect Transistor, 1995.

[19] Fairchild Semiconductor, LM555 Single Timer, Revision 1.1.0, 2002.

[20] Fairchild Semiconductor, 2n3904 NPN General Purpose Amplifier, 2001.

[21] S. Farahani, Zigbee Wireless Networks and Transceivers, Newnes, Amsterdam, 2008.

[22] G.F. Franklin, J. David Powell, M.L. Workman, Digital Control of Dynamic Systems, third ed., Ellis-Kagle Press, Half Moon Bay, CA, 1998. Reprinted 2010.

[23] J. Haartsen, Bluetooth—the universal radio for *ad hoc*, wireless connectivity, Ericsson Rev. 3 (1998) 110–117.

[24] E. Hare, The ARRL RFI Book, ARRL, 1998.

[25] R. Heydon, Bluetooth Low Energy: The Developer's Handbook, Prentice Hall, Upper Saddle River, NJ, 2013.

[26] Hewlett-Packard Company, Intel Corporation, Microsoft Corporation, Renesas Corporation, ST-Ericsson, Texas Instruments, Universal Serial Bus 3.1 Specification, Revision 1.0, July 26, 2013.

[27] IBM International Technical Support Organization, Building Smarter Planet Solutions With MQTT and IBM WebSphere MQ Telemetry, Redbooks, September, 2012.

[28] Z. Shelby, K. Hartke, C. Bormann, The Constrained Application Protocol (CoAP), Internet Engineering Task Force RFC 7252, June, 2014.

[29] International Rectifier, "Designing practical high performance Class D audio amplifier, undated," Available from http://www.irf.com/product-info/audio.

[30] Jameco, TO-220 Data Sheet, Part No. BK-T220-0022-02, undated.

[31] D. Jarman, A Brief Introduction to Sigma Delta Conversion, Intersil, 1995. AN9504.

[32] W.G. Jung, IC Op-Amp Cookbook, third ed., Upper Saddle River, NJ, Prentice Hall PTR, 1997.

[33] D. Lancaster, Lancaster's Active Filter Cookbook, second ed., 1996. Newnes, New York.

[34] Linear Technology, LTC3780 High Efficiency, Synchronous, 4-Switch Buck-Boost Controller, 2005.

[35] LoRa Alliance, Technical Committee, LoRaWAN™ 1.1 Specification, version 1.1, October 11, 2017.

[36] Maxim Integrated, DC-DC Converter Tutorial, Tutorial 2031, November 29, 2001.

[37] Microchip Technology Inc., PIC16F/LF1824/1828 Data Sheet, 14/20-Pin Flash Microcontrollers with nanoWatt XLP Technology, Preliminary, DS4149A, 2010.

[38] Motorola, SN54/74LS04 Hex Inverter, undated.

[39] J.H. McClellan, R.W. Schaefer, M.A. Yoder, DSP First, second ed., Pearson, 2015.

[40] National Semiconductor, LM340/LM78MXX Series 3-Terminal Positive Regulators, DS007781, 2000.

[41] National Semiconductor, Op amp circuit collection, Application Note 31, 2002.

[42] National Semiconductor, LM380 2.5W Audio Power Amplifier, 2000.

[43] Nichibo Taiwan Corporation, RF-500TB-12560-R-S Nichibo DC motor, September 28, 2013.

[44] B. Nisagara, D. Torres, *Sensored 3-Phase BLDC* Motor Control *Using MSP430*, SLAA503, Texas Instruments, 2011.

[45] NXP Semiconductors, UM10204, I²C-Bus Specification and User Manual, Rev. 03, 19 June, 2007.

[46] NXP Semiconductors, S32V234 Data Sheet, Document Number S22V234, Rev. 4, 2017.

[47] Philips Semiconductors, *I2S bus specification*, 1986. Revised June 5, 1996.

[48] B. Razavi, The current-steering DAC, IEEE Solid-State Circuits Mag. (2018) 11–15. Witner.

[49] Rubycon Corporation, Technical Notes for Electrolytic Capacitor, undated.

[50] D. Sauvageau, How (and why) we test USB power adapters, Tom's Hardware, 2018. January 21, http://www.tomshardware.com/reviews/usb-power-adapters-testing,5328.html.

[51] G.M. Sessler, J.E. West, Electrostatic Transducer, U. S. Patent 3,118,979, January 21, 1964.

[52] D.P. Siewiorek, R.S. Swarz, The Theory and Practice of Reliable System Design, Digital Press, 1982.

[53] C. Simpson, Characteristics of Rechargeable Batteries, SNAV533. Texas Instruments, 2011.

[54] C. Simpson, Battery Charging, SNAV557, Texas Instruments, 2011.

[55] R.J. Smith, R.C. Dorf, Circuits, Devices, and Systems: A First Course in Electrical Engineering, fifth ed., John Wiley and Sons, 1991.

[56] ST Microelectronics, L298 Dual Full-Bridge Driver, 2000.

[57] S.M. Sze, Physics of Semiconductor Devices, second ed., John Wiley and Sons, New York, 1981.

[58] Texas Instruments (Ed.), The TTL Data Book for Design Engineers, second ed., Texas Instruments Incorporated, 1987.

[59] Texas Instruments, *Precise Tri-Wave Generation*, SNOA854, Previously *National Semiconductor Linear Brief 23*, 1986.

[60] Texas Instruments, µA741, µA741Y General-Purpose Operational Amplifiers, 1970. SLOS094B, Revised September 2000.

[61] Texas Instruments, Op Amp and Comparators—Don't Confuse Them, 2001. SLOA067.

[62] Texas Instruments, 74AC11000 Quadruple 2-Input Positive-NAND Gate, 1987. SCLS054B, Revised June 2005.

[63] Texas Instruments, AN-263 Sine Wave Generation Techniques, SNOA665C, 2013.

[64] Texas Instruments, TPA6138A2 DirectPath™ Headphone Driver with Adjustable Gain, SLOS704B, 2015.

[65] Texas Instruments, TPA6166A2 3.5mm Jack Detect and Headset Interface IC, SLAS997B, revised January, 2015.

[66] Texas Instruments, LM555 Timer, SNAS548D, 2015.

[67] Texas Instruments, Switching Regulator Fundamentals, SNVA559A, 2016.

[68] Texas Instruments, *TAS6424L-Q1 27-W, 2-MHz Digital Input 4-Channel Automotive Class-D Audio Amplifier With Load-Dump Protection and I2C Diagnostics*, SLOS809, 2017.

[69] Texas Instruments, *TPA6464-01 50-W, 2-MHz Analog Input-Channel Automotive Class-D Audio Amplifier With Load Dump Protection and I2C Diagnostics*, SLOS995, 2017.

[70] Texas Instruments, LM386 Low Voltage Audio Power Amplifier, SNAS545C, revised May, 2017.

[71] Texas Instruments, TMS320F28004x Piccolo™ Microcontrollers, SPRS945C, revised December 2017, 2017.

[72] TT Electronics, Reflective Object Sensor: OPB703 through OPB705, OPB703WZ through OPB705WZ, OPB703AWZ through OPB705AWZ, 2016.

[73] J.F. Wakerly, Digital Design: Principles and Practices, fourth ed., Pearson, 2005.

[74] M. Wolf, The Physics of Computing, Morgan Kaufman, San Francisco, 2017.

[75] S. Wong, Dynamic power management for faster, more efficient battery charging, Analog Appl. J. (2013). Texas Instruments, 4Q.

推 荐 阅 读

嵌入式计算系统设计原理（原书第4版）

作者：Marilyn Wolf 译者：宫晓利 等 ISBN：978-7-111-60148-7 定价：99.00元

本书自第1版出版至今，记录了近20年来嵌入式领域的技术变革，成为众多工程师和学生的必备参考书。全书从组件技术的视角出发，以嵌入式系统的设计方法和过程为主线，涵盖全部核心知识点，并辅以大量有针对性的示例分析，同时贯穿着对安全、性能、能耗和可靠性等关键问题的讨论，构建起一个完整且清晰的知识体系。

计算机工程的物理基础

作者：Marilyn Wolf 译者：林水生 等 ISBN：978-7-111-59074-3 定价：59.00元

本书打破了传统计算机科学和电子工程之间的壁垒，为计算机专业学生补充电路知识，同时有助于电子专业学生了解计算原理。书中关注计算机体系结构设计面临的重要挑战——性能、功耗和可靠性，这一关注点从集成电路、逻辑门和时序机贯穿到处理器和系统，揭示了其与物理实现之间的密切联系。